Mathematische Begriffe und Formeln

für Sekundarstufe I und II der Gymnasien
von HELMUT SIEBER und LEOPOLD HUBER

Neubearbeitung

Bei der Neubearbeitung haben beratend mitgewirkt: Ulrich Hannig (Bad.-Württ.), Barbara Mathea (Rhld.-Pfalz), Gertrud Peterseim (NRW), Jörg Stark (Bad.-Württ.)

D1857747

Grundlagen

Aus der Logik (Ergänzungen s. S. 9)

Aussagen sind Sätze, deren Inhalt entweder *wahr* (w) oder *falsch* (f) ist.

Wahrheitswerte w (wahr); f (falsch)

Aussagenvariable sind Buchstaben (z. B. p, q) oder andere Zeichen, an deren Stelle Aussagen oder Wahrheitswerte gesetzt werden können.

w, f
p, q

Verknüpfungen

$\neg$ *Negation*; $\neg p$: „nicht p".

$\vee$ *Disjunktion*; $p \vee q$: „p oder q" (*einschließendes* oder)

$\wedge$ *Konjunktion*; $p \wedge q$: „p und q"

Wahrheitstafeln

p	q	$\neg p$	$p \vee q$	$p \wedge q$
w	w	f	w	w
w	f	f	w	f
f	w	w	w	f
f	f	w	f	f

$\neg$ $\vee$ $\wedge$

Folgerungen

$p \Longrightarrow q$ aus p folgt q (wenn p, dann q; p ist hinreichende Bedingung für q)

$p \Longleftrightarrow q$ p äquivalent q (aus p folgt q und aus q folgt p; p genau dann, wenn q; p ist notwendige und hinreichende Bedingung für q)

$\Longrightarrow$ $\Longleftrightarrow$

Mengen (Mengenalgebra s. S. 10)

Schreibweisen und ihre Bedeutung

$\{a_1, a_2, ..., a_n\}$ Menge der Elemente $a_1, a_2, \ldots, a_n$

$\{x \mid B(x)\}$ Menge aller x, für die die Bedingung $B(x)$ erfüllt ist.
Beispiel: $\{x \mid x^2 = 9\}$ ist die Menge aller x, für die $x^2 = 9$ ist; also ist $\{x \mid x^2 = 9\} = \{3, -3\}$.

$\{\ \}$ oder $\emptyset$ leere Menge (enthält kein Element)

$a \in M$ a ist Element von M; $a, b \in M \Longleftrightarrow a \in M \wedge b \in M$

$a \notin M$ a ist nicht Element von M

$M = N$ M gleich N (Mengen mit denselben Elementen)

$M \subseteq N$ M ist Teilmenge von N, wenn gilt: $x \in M \Longrightarrow x \in N$ für alle $x \in M$

$M \subset N$ M ist echte Teilmenge von N, wenn gilt: $M \subseteq N \wedge M \neq N$

$M \cup N$ Vereinigungsmenge von M und N; $M \cup N$: $\{x \mid x \in M \vee x \in N\}$

$M \cap N$ Schnittmenge von M und N; $M \cap N$: $\{x \mid x \in M \wedge x \in N\}$

$M \setminus N$ Differenzmenge von M und N; $M \setminus N$: $\{x \mid x \in M \wedge x \notin N\}$ (*gelesen:* M ohne N)

$\overline{M}$ oder CM Komplementmenge von M; $\overline{M} = G \setminus M$ (G ist Grundmenge) (*gelesen:* M-quer, Komplement von M)

$M \times N$ Produktmenge von M und N; $M \times N = \{(a, b) \mid a \in M \wedge b \in N\}$

$\mathcal{P}(M)$ Potenzmenge von M; $\mathcal{P}(M) = \{T \mid T \subseteq M\}$

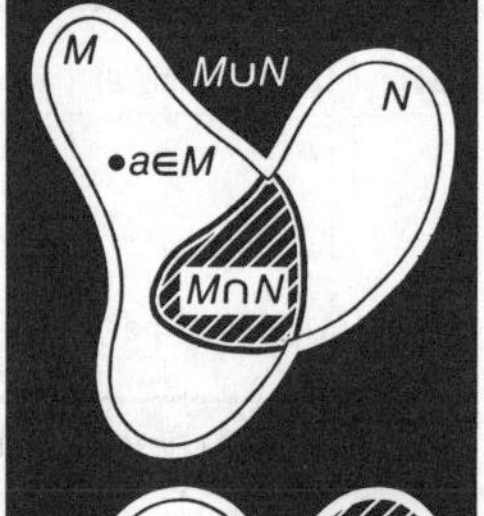

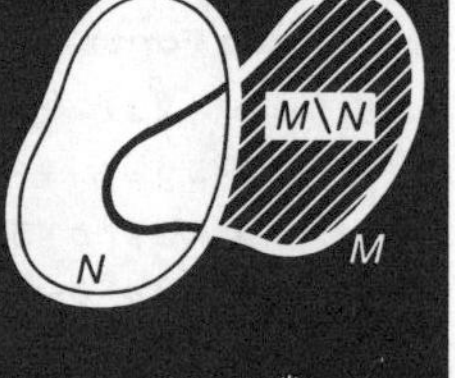

Standardmengen (DIN 5473)

$\mathbb{N} = \{0, 1, 2, \ldots\}$ (früher $\mathbb{N}_0$); $\mathbb{N}^* = \mathbb{N} \setminus \{0\} = \{1, 2, 3, \ldots\}$ (früher $\mathbb{N}$)

$\mathbb{Z}$ = Menge der ganzen Zahlen; $\mathbb{Z}^* = \mathbb{Z} \setminus \{0\}$; $\mathbb{Z}^*_\pm = \{x \mid x \in \mathbb{Z}^* \wedge x \gtrless 0\}$; $\mathbb{Z}_\pm = \mathbb{Z}^*_\pm \cup \{0\}$

$\mathbb{Q}$ = Menge d. rationalen Zahlen; $\mathbb{Q}^* = \mathbb{Q} \setminus \{0\}$; $\mathbb{Q}^*_\pm = \{x \mid x \in \mathbb{Q}^* \wedge x \gtrless 0\}$; $\mathbb{Q}_\pm = \mathbb{Q}^*_\pm \cup \{0\}$

$\mathbb{R}$ = Menge der reellen Zahlen; $\mathbb{R}^* = \mathbb{R} \setminus \{0\}$; $\mathbb{R}^*_\pm = \{x \mid x \in \mathbb{R}^* \wedge x \gtrless 0\}$; $\mathbb{R}_\pm = \mathbb{R}^*_\pm \cup \{0\}$

$\mathbb{R}^2 = \mathbb{R} \times \mathbb{R}$ kartesisches Produkt „$\mathbb{R}$ kreuz $\mathbb{R}$"; $\mathbb{R}^2 = \{(x, y) \mid x, y \in \mathbb{R}\}$

$\mathbb{R}^n = \mathbb{R} \times \mathbb{R} \times \ldots \times \mathbb{R}$; Menge der (geordneten) n-Tupel reeller Zahlen.

$\mathbb{N}, \mathbb{N}^*$
$\mathbb{Z}, \mathbb{Z}^*$
$\mathbb{Q}, \mathbb{Q}^*$
$\mathbb{R}, \mathbb{R}^*$
$\mathbb{R}^2, \mathbb{R}^n$

Rechnen und Algebra

Bruchrechnen ($a, b, c, d \in \mathbb{N}$; Nenner $\neq 0$)

Bruch $\frac{a}{b}$; Kehrwert von $\frac{a}{b}$ ist $\frac{b}{a}$; es ist $\frac{a}{b} \cdot \frac{b}{a} = 1$ $(a, b \neq 0)$

Gleichheit $\frac{a}{b} = \frac{c}{d} \Leftrightarrow a \cdot d = b \cdot c \Leftrightarrow a : b = c : d$

Erweitern $\frac{a}{b} = \frac{a \cdot z}{b \cdot z}$ $(z \in \mathbb{R}^*)$

Kürzen $\frac{a}{b} = \frac{a : z}{b : z}$ $(z \in \mathbb{R}^*)$

Addition $\frac{a}{b} + \frac{c}{d} = \frac{ad + bc}{bd}$

Subtraktion $\frac{a}{b} - \frac{c}{d} = \frac{ad - bc}{bd}$

Multiplikation $\frac{a}{b} \cdot \frac{c}{d} = \frac{ac}{bd}$

Division $\frac{a}{b} : \frac{c}{d} = \frac{ad}{bc}$

Prozent- und Zinsrechnen (Prozentsatz, Jahreszinssatz $p\,\%$)

Grundwert G, Prozentwert P

$$P = \frac{G \cdot p}{100}$$

Kapital K, Anzahl der Tage t, Zins Z

$$Z = \frac{K \cdot p \cdot t}{100 \cdot 360}$$

Grundgesetze, Gesetze der Anordnung ($a, b, c \in \mathbb{R}$)

Kommutativgesetze $a+b = b+a$ | $a \cdot b = b \cdot a$

Assoziativgesetze $(a+b)+c = a+(b+c)$ | $(a \cdot b) \cdot c = a \cdot (b \cdot c)$

Distributivgesetz $a \cdot (b+c) = a \cdot b + a \cdot c$

Gesetze der Anordnung $a < b \Longrightarrow a+c < b+c$ für alle $c \in \mathbb{R}$

(Monotoniegesetze) $a < b \Longrightarrow ac < bc$ für alle $c \in \mathbb{R}^*_+$

Sätze $a < b \Longrightarrow -a > -b$ für alle $a \in \mathbb{R}$; $a < b \Longrightarrow \frac{1}{a} > \frac{1}{b}$ für alle $a \in \mathbb{R}^*_+$

Absoluter Betrag, Signum, GAUSSklammer ($a \in \mathbb{R}$)

Def.	$\lvert a \rvert$ (Betrag a)	**sgn a** (Signum a)
$a > 0$	$\lvert a \rvert = +a$	$\operatorname{sgn} a = 1$
$a = 0$	$\lvert a \rvert = 0$	$\operatorname{sgn} a = 0$
$a < 0$	$\lvert a \rvert = -a$	$\operatorname{sgn} a = -1$

Gesetze

$\lvert a+b \rvert \leqq \lvert a \rvert + \lvert b \rvert$ (Dreiecksungleichung)

$\lvert a+b \rvert \geqq \big\lvert \lvert a \rvert - \lvert b \rvert \big\rvert$

$\lvert a_1 + \cdots + a_n \rvert \leqq \lvert a_1 \rvert + \cdots + \lvert a_n \rvert$

[a] (GAUSSklammer); [a] ist die größte ganze Zahl $z \leqq a$: $a-1 < z \leqq a$ mit $z \in \mathbb{Z}$.

Termumformungen ($a, b, c, d, e \in \mathbb{R}$)

Binomische Formeln

$(a+b)^2 = a^2 + 2ab + b^2$

$(a-b)^2 = a^2 - 2ab + b^2$

$(a+b)^3 = a^3 + 3a^2b + 3ab^2 + b^3$

$(a-b)^3 = a^3 - 3a^2b + 3ab^2 - b^3$

$(a \pm b)^4 = a^4 \pm 4a^3b + 6a^2b^2 \pm 4ab^3 + b^4$

Zerlegungen

$a^2 + b^2$ nicht zerlegbar in $\mathbb{R}$

$a^2 - b^2 = (a+b)(a-b)$

$a^3 + b^3 = (a+b)(a^2 - ab + b^2)$

$a^3 - b^3 = (a-b)(a^2 + ab + b^2)$

$a^{2n} - b^{2n} = (a^n - b^n)(a^n + b^n)$

$a^4 - b^4 = (a^2 - b^2)(a^2 + b^2) = (a-b)(a+b)(a^2 + b^2) = (a-b)(a^3 + a^2b + ab^2 + b^3)$

$a^n - b^n = (a-b)(a^{n-1} + a^{n-2}b + a^{n-3}b^2 + \cdots + b^{n-1})$

Mehrgliedrige Ausdrücke

$(a+b)(c+d+e) = ac + ad + ae + bc + bd + be$

$(a+b+c)^2 = a^2 + b^2 + c^2 + 2ab + 2ac + 2bc$

$(a+b+c)^3 = a^3 + b^3 + c^3 + 3(a^2b + a^2c + b^2a + b^2c + c^2a + c^2b) + 6abc$

$\frac{a}{b}, \frac{b}{a}$

$+, -$

$\cdot, :$

%

$<$
$>$

$\lvert a \rvert$

sgn a

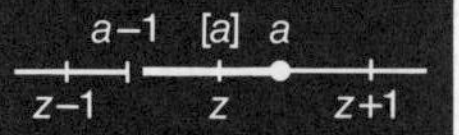

$(a \pm b)^2$

$(a \pm b)^3$

$(a \pm b)^4$

$a^n - b^n$

$(a+b+c)^2$

Lineare Gleichungssysteme in *x*/*y*-Darstellung

Das Gleichg.-system $\begin{array}{l} a_1x+b_1y=c_1 \\ a_2x+b_2y=c_2 \end{array}$ hat die Lösungen $\overline{x}=\frac{c_1b_2-c_2b_1}{a_1b_2-a_2b_1}$, $\overline{y}=\frac{a_1c_2-a_2c_1}{a_1b_2-a_2b_1}$,

wenn $a_1b_2-a_2b_1 \neq 0$ ist.

Die Lösungen gewinnt man mit Hilfe des Eliminations- *oder* Gleichsetzungs- *oder* Einsetzungsverfahrens; Determinantenverfahren vgl. S. 26.

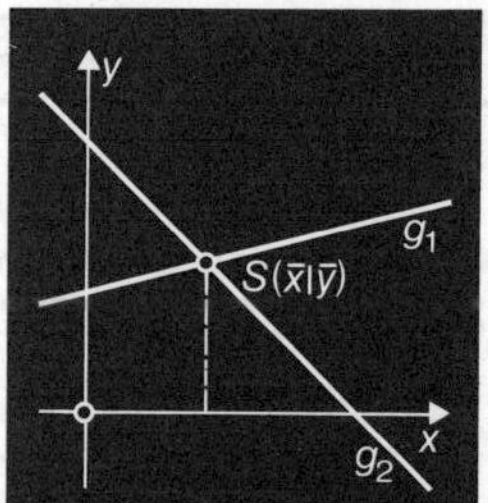

Elementare Statistik (weiterführende Formeln s. S. 39 ff.)

Bei n Beobachtungen tritt immer genau eines der Ergebnisse $e_1, \ldots, e_k$ ein. $(n, k \in \mathbb{N}^*)$

Ergebnismenge S $S=\{e_1, \ldots, e_k\}$

Absolute Häufigkeit n_i Ergebnis e_i kommt n_i-mal vor ($n_i \in \mathbb{N}$); es ist $n_1+\cdots+n_k=n$.

Relative Häufigkeit h_i $h_i=\frac{n_i}{n}$; *ausführlicher* $h(e_i)$ statt h_i, *gelesen:* h von e_i;

es ist: $h(e_1)+\cdots+h(e_k)=1$; h (nicht e_i) $=1-h(e_i)$; $h(e_i$ oder $e_j)=h(e_i)+h(e_j)$

Mittelwert $\overline{x}$ $\overline{x}=\frac{e_1n_1+\cdots+e_kn_k}{n}=e_1h_1+\cdots+e_kh_k$ $(e_i \in \mathbb{R})$

Beispiel: e_i	1	2	3	4	5	6
(Würfeln) n_i	2	0	1	3	2	2

Ergebnismenge $S=\{1;2;3;4;5;6\}$; $n=10$ Beobachtgn.;
$h(1)=0{,}2$; h (nicht 1) $=0{,}8$; $h(3$ oder $5)=0{,}3$; $\overline{x}=3{,}9$

Mittlere Abweichung a der $e_i \in \mathbb{R}$ von $\overline{x}$: $a=\frac{|e_1-\overline{x}|n_1+\cdots+|e_k-\overline{x}|n_k}{n}$; im Beispiel ist $a=1{,}34$.

S

n_i

h_i

$\overline{x}$

a

Funktion und Schaubild (Funktion s. auch S. 11, 32)

Funktion Eine Funktion ist eine Zuordnung, bei der jedem Element einer ersten Menge (Definitionsmenge D) genau ein Element einer zweiten Menge (Zielmenge Z) zugeordnet ist.

Schreibweise und Bezeichnungen: $f: x \mapsto f(x)$, $x \in D$, $f(x) \in Z$;

Variable x: Urbild, Argument; $\mapsto$: Zeichen für die Zuordnung;

$f(x)$: Funktionswert an der Stelle x, Bild von x; $W=\{f(x) \mid x \in D\}$: Wertemenge, $W \subseteq Z$.

Die *Gleichung* $y=f(x)$ *des Schaubilds* der Funktion heißt auch *Funktionsgleichung*.

Beispiel: $f: x \mapsto x^2$, $x \in \mathbb{R}$; $D=\mathbb{R}$; $Z=\mathbb{R}$; $W=\mathbb{R}_+$; $f(x)=x^2$; $f(-3)=9$; $y=x^2$

Schaubild (Graph) von $y=f(x)$ in einem rechtwinkligen x/y-Koordinatensystem

Fktsgl.	$y=mx$ (Proportionalität)	$y=mx+b$	$y=x^2$
Schaubild	*Ursprungsgerade* mit Steigung m	*Gerade* mit Steigung m und y-Achsenabschnitt b	*Normalparabel* (siehe Figur)

Fktsgl.	$y=ax^2+bx+c$, $a \neq 0$; Umformung ergibt: $y=a\left(x+\frac{b}{2a}\right)^2-\frac{b^2-4ac}{4a}$
Schaubild	Um $\overrightarrow{OS}$ ||-verschobene *Parabel* mit Gl. $y=ax^2$; *Scheitel*: $S\left(-\frac{b}{2a}\middle|-\frac{b^2-4ac}{4a}\right)$

$f: x \mapsto f(x)$

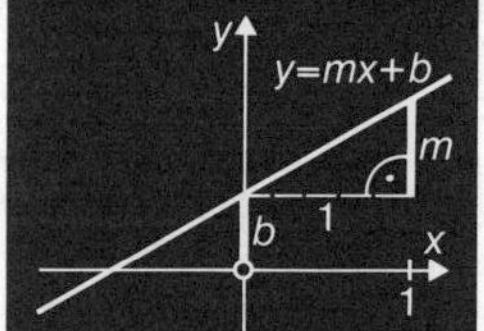

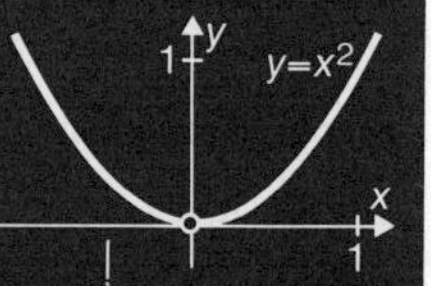

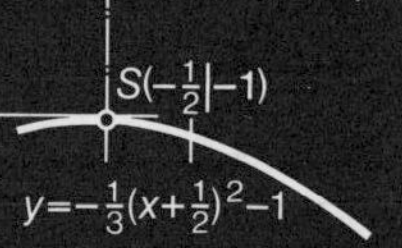

Quadratische Gleichung (Grundmenge $\mathbb{R}$)

Form der Gleichung	$\boldsymbol{ax^2+bx+c=0}$ $(a \neq 0)$ (Normalform)	$\boldsymbol{x^2+px+q=0}$ (normierte Form)
Lösungen	$x_{1;2}=\frac{-b \pm \sqrt{b^2-4ac}}{2a}$	$x_{1;2}=-\frac{p}{2} \pm \sqrt{\left(\frac{p}{2}\right)^2-q}$
Diskriminante	$D=b^2-4ac$	$D^*=\left(\frac{p}{2}\right)^2-q$
Anzahl der Lösungen	D oder D^* $\left\{\begin{array}{l} >0 \\ =0 \\ <0 \end{array}\right.$ $\Leftrightarrow$ Die Gleichung hat	$\left\{\begin{array}{l} \text{2 Lösungen} \\ \text{1 Lösung} \\ \text{keine Lösung} \end{array}\right.$ bzgl. $\mathbb{R}$.
Zerlegung in Linearfaktoren	$a(x-x_1)(x-x_2)=0$	$(x-x_1)(x-x_2)=0$
Satz von VIETA	$x_1+x_2=-\frac{b}{a}$; $x_1x_2=\frac{c}{a}$	$x_1+x_2=-p$; $x_1x_2=q$

$ax^2+bx+c=0$

$x^2+px+q=0$

Gleichungen und Polynome n-ten Grades (Grundmenge $\mathbb{R}$; $n \in \mathbb{N}^*$)

$P_n(x)=0$

Gleichung n-ten Grades $a_n x^n + a_{n-1} x^{n-1} + \dots + a_1 x + a_0 = 0 \quad (a_i \in \mathbb{R},\ a_n \neq 0)$

Eine Gleichung n-ten Grades hat höchstens n reelle Lösungen; ist n ungerade, so hat eine Gleichung n-ten Grades mindestens eine reelle Lösung.

$P_n(x)$

Polynom n-ten Grades $P_n(x) = a_n x^n + a_{n-1} x^{n-1} + \dots + a_1 x + a_0 \quad (a_i \in \mathbb{R},\ a_n \neq 0)$

$P_n(x_0)$

Berechnung von $P_n(x_0)$

Umformung: $P_n(x_0) = \{[(a_n x_0 + a_{n-1}) x_0 + a_{n-2}] x_0 + \dots] x_0 + a_1\} x_0 + a_0$

(mit Taschenrechner; x_0 speichern)

Rechengang im HORNERschen Schema:

a_n	a_{n-1}	a_{n-2}	$\dots\ a_1$	a_0
*	$a_n x_0$	$(a_n x_0 + a_{n-1}) x_0$	$\dots \dots$	$\square\, x_0$
a_n	$(a_n x_0 + a_{n-1})$		$\dots\ \square$	$P_n(x_0)$

Beisp.: $P_3(x) = 2x^3 - 4x^2 + 3x + 5,\ x_0 = 1{,}5$: $P_3(1{,}5) = [(2 \cdot 1{,}5 - 4) \cdot 1{,}5 + 3] \cdot 1{,}5 + 5 = 7{,}25$

$P_n(x) : (x - x_0)$

Faktorzerlegung, Polynomdivision von $P_n(x)$, wenn $P_n(x_0) = 0,\ x_0 \neq 0$ ist:

$$P_n(x) = (x - x_0) P_{n-1}(x); \quad P_n(x) : (x - x_0) = P_{n-1}(x) \text{ mit } P_{n-1}(x) = a_n x^{n-1} + \dots + \frac{a_n}{x_0}$$

Beispiel für $P_3(x) = x^3 - 6x^2 + 11x - 6,\ P_3(2) = 0$:

$$\begin{array}{l} (x^3 - 6x^2 + 11x - 6) : (x-2) = x^2 - 4x + 3 \\ -(x^3 - 2x^2) \\ \quad 0 \quad -4x^2 + 11x \\ \quad -(-4x^2 + 8x) \\ \qquad 0 \qquad 3x - 6 \\ \qquad\qquad -(3x - 6) \\ \qquad\qquad 0 \quad 0 \end{array}$$

Anwendung: Lösen der Gleichung $x^3 - 6x^2 + 11x - 6 = 0$.

Aus der Polynomdivision ergibt sich:
$x^3 - 6x^2 + 11x - 6 = 0 \Leftrightarrow (x-2)(x^2 - 4x + 3) = 0$;
Lösungsmenge von $x - 2 = 0$ ist $L_1 = \{2\}$,
Lösungsmenge von $x^2 - 4x + 3 = 0$ ist $L_2 = \{1; 3\}$.
Lösungsmenge von $x^3 - 6x^2 + 11x - 6 = 0$ ist somit $L_3 = L_1 \cup L_2 = \{2\} \cup \{1; 3\} = \{1; 2; 3\}$.

Wenn $P_n(x_0) = 0,\ x_0 \neq 0$, dann sind die Zahlen der letzten Zeile im HORNERschen Schema die Koeffizienten von $P_{n-1}(x) = P_n(x) : (x - x_0)$

Beispiel: $P_3(x) = x^3 - 6x^2 + 11x - 6,\ P_3(2) = 0$

1	−6	11	−6
*	$1 \cdot 2$	$-4 \cdot 2$	$3 \cdot 2$
1	−4	3	$0 = P_3(2)$

$P_3(x) : (x-2) = P_2(x) = 1 \cdot x^2 - 4x + 3$ (s. o.)

Mittelwerte ($a, b \in \mathbb{R}$)

Arithmetisches Mittel von a, b	$m_A = \frac{a+b}{2}$	$m_H \leqq m_G \leqq m_A$
Geometrisches Mittel von $a, b > 0$	$m_G = \sqrt{ab}$	$m_G = \sqrt{m_H \cdot m_A}$
Harmonisches Mittel von a, b	$m_H = \frac{2ab}{a+b}$	$\frac{1}{m_H} = \frac{1}{2}\left(\frac{1}{a} + \frac{1}{b}\right)$
Arithmetisches Mittel von $x_1, \dots, x_n$	$\overline{x} = \frac{x_1 + x_2 + \dots + x_n}{n}$	$(x_i \in \mathbb{R})$

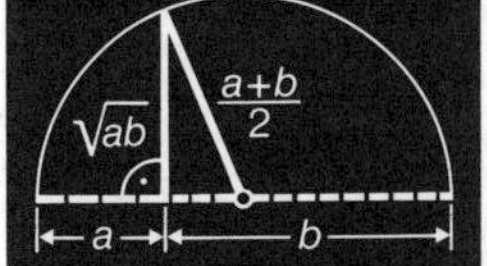

Potenzen und Wurzeln (Radikand nicht negativ; $m, n, k \in \mathbb{N}^*$)

a^n

Definitionen

$a^n = \underbrace{a \cdot a \cdot a \cdot \ldots \cdot a}_{n \text{ Faktoren}} \quad (a \in \mathbb{R},\ n \geqq 2); \quad a^1 = a; \quad a^0 = 1 \quad (a \neq 0)$

$\sqrt[n]{a} = x \Leftrightarrow x^n = a \ (a \geqq 0,\ n \in \mathbb{N} \text{ und } n \geqq 2,\ x \geqq 0); \quad \sqrt[2]{a} = \sqrt{a}; \quad \sqrt{a^2} = |a|$

$\sqrt[n]{a}$

Sätze

$a^m \cdot a^n = a^{m+n}$	$\sqrt[n]{a} \cdot \sqrt[n]{b} = \sqrt[n]{ab}$	$a^{-n} = \frac{1}{a^n}$	$(a > 0)$
$a^m : a^n = a^{m-n}$	$\sqrt[n]{a} : \sqrt[n]{b} = \sqrt[n]{\frac{a}{b}}$	$a^{\frac{1}{n}} = \sqrt[n]{a}$	
$a^n \cdot b^n = (ab)^n$	$\left(\sqrt[n]{a}\right)^m = \sqrt[n]{a^m} = \sqrt[kn]{a^{km}}$	$a^{\frac{m}{n}} = \sqrt[n]{a^m}$	
$a^n : b^n = \left(\frac{a}{b}\right)^n$			
$(a^m)^n = a^{mn} = (a^n)^m$	$\sqrt[m]{\sqrt[n]{a}} = \sqrt[mn]{a} = \sqrt[n]{\sqrt[m]{a}}$	$a^{-\frac{m}{n}} = \frac{1}{\sqrt[n]{a^m}}$	$(a > 0)$

(Wurzelsätze sind Potenzsätze für gebrochene Hochzahlen.)

Es ist: $\frac{1}{\sqrt{a}} = \frac{\sqrt{a}}{a}; \quad \frac{1}{a + \sqrt{b}} = \frac{a - \sqrt{b}}{a^2 - b}; \quad \frac{1}{\sqrt[n]{a}} = \frac{\sqrt[n]{a^{n-1}}}{a}$ (Nenner $\neq 0$)

Logarithmen (Schreibweise nach DIN 1302)

Definition

Ist $b^x = c$ mit $b, c > 0$ und $b \neq 1$, so heißt die Hochzahl x der Logarithmus von c zur Grundzahl (Basis) b; *man schreibt:* $x = \log_b c$

(*gelesen:* Logarithmus von c zur Grundzahl b *oder:* b-Logarithmus von c)

Folgerungen: $\log_b b = 1$; $\log_b 1 = 0$; $\log_b b^u = u$

Rechengesetze $(u, v \in \mathbb{R}_+^*;\ n \in \mathbb{N}^*)$

$\log_b (uv) = \log_b u + \log_b v$; $\log_b \frac{u}{v} = \log_b u - \log_b v$;

$\log_b u^n = n \log_b u$; $\log_b \sqrt[n]{u} = \frac{1}{n} \cdot \log_b u$

Sonderfälle: $\log_{10} x = \lg x$; $\log_e x = \ln x$; $\log_2 x = \operatorname{lb} x$

Umrechnung von Basis g auf Basis b: $\log_b x = \log_b g \cdot \log_g x$; $\log_b g \cdot \log_g b = 1$

$\lg x = \mathrm{M} \cdot \ln x$; $\mathrm{M} = \lg \mathrm{e} = 0{,}43429448 \ldots$; $\frac{1}{\mathrm{M}} = \ln 10 = 2{,}30258509 \ldots$

$\log_b c$

$\lg x$

$\ln x$

$\operatorname{lb} x$

Binomischer Satz, Fakultät, Abschätzungen

Binomischer Satz

$$(a+b)^n = a^n + \binom{n}{1} a^{n-1} b + \binom{n}{2} a^{n-2} b^2 + \ldots + \binom{n}{n-1} a\, b^{n-1} + \binom{n}{n} b^n$$

$(a+b)^n$

Binomialkoeffizienten $(n, k \in \mathbb{N}^*;\ k \leqq n)$

$$\binom{n}{k} = \frac{n(n-1)(n-2)\ldots(n-k+1)}{1 \cdot 2 \cdot 3 \cdot \ \ldots \ \cdot k} = \frac{n!}{k!\,(n-k)!};\quad \binom{n}{k} = \binom{n}{n-k};$$

$$\binom{n}{0} = 1;\quad \binom{n}{1} = n;\quad \binom{n}{n} = 1.\quad \binom{n}{0} + \binom{n}{1} + \binom{n}{2} + \ldots + \binom{n}{n} = 2^n$$

$$\binom{n}{k-1} + \binom{n}{k} = \binom{n+1}{k};\quad \binom{k}{k} + \binom{k+1}{k} + \ldots + \binom{n}{k} = \binom{n+1}{k+1}$$

$\binom{n}{k}$

***n*-Fakultät** $n! = 1 \cdot 2 \cdot 3 \cdot \ldots \cdot n$; $0! = 1$; $1! = 1$ (Definitionen)

$n!$

STIRLINGsche Näherungsformel

$n! \approx \sqrt{2\pi n} \cdot \left(\frac{n}{e}\right)^n \cdot \left(1 + \frac{1}{12n}\right)$; Fehler $< 0{,}001\,\%$ für $n \geqq 18$

Logarithmische Berechnung von n!

$\lg n! \approx \frac{1}{2} \cdot \lg(2\pi) + (n+0{,}5) \lg n - n \lg \mathrm{e} + \lg \left(1 + \frac{1}{12n}\right)$

Besserer Wert mit $\left(1 + \frac{1}{12n} + \frac{1}{288n^2}\right)$ anstelle von $\left(1 + \frac{1}{12n}\right)$

$\lg n!$

BERNOULLIsche Ungleichung

$(1+x)^m > 1 + mx$ für $m \geqq 2 \wedge x \neq 0 \wedge x > -1$

Vollständige Induktion

Für eine *Aussageform A (n)* gelte:

a) $A(n_0)$ ist eine wahre Aussage für $n_0 \in \mathbb{N}$. (*Induktionsanfang*)

b) $A(n) \Longrightarrow A(n+1)$ ist eine wahre Aussage für alle $n \geqq n_0$. (*Induktionsschritt*)

Dann gilt $A(n)$ für alle $n \in \mathbb{N}$ mit $n \geqq n_0$. (*Induktionsprinzip*)

$A(n) \Longrightarrow A(n+1)$

Potenzsummen

$$\sum_{k=1}^{n} k = \frac{1}{2} n(n+1) \qquad \sum_{k=1}^{n} k^2 = \frac{1}{6} n(n+1)(2n+1)$$

$$\sum_{k=1}^{n} k^3 = \frac{1}{4} n^2 (n+1)^2 \qquad \sum_{k=1}^{n} k^4 = \frac{1}{30} n(n+1)(2n+1)(3n^2+3n-1)$$

$\sum_{k=1}^{n} k^m$

Folgen und Reihen

(unendliche Folgen s. S. 31, unendliche Reihen s. S. 38)

Endliche Folgen und Reihen mit n Gliedern ($n = 2, 3, \ldots$)

Folge $a_1, a_2, \ldots, a_n$

Reihe $s_n = a_1 + a_2 + \ldots + a_n = \sum_{k=1}^{n} a_k$

Arithm. Reihe $s_n = a + (a+d) + (a+2d) + \ldots + [a + (n-1)d]$; Differenz $a_k - a_{k-1} = d$ (konst.)

Anfangsglied a; k-tes Glied $a_k = a + (k-1)\,d$; Endglied $a_n = a + (n-1)\,d$

Summe $s_n = \frac{n}{2}(a + a_n) = \frac{n}{2}[2a + (n-1)\,d]$

Geom. Reihe $s_n = a + aq + aq^2 + \ldots + aq^{n-1}$; Quotient $a_k : a_{k-1} = q$ (konstant)

Anfangsglied a; k-tes Glied $a_k = aq^{k-1}$; Endglied $a_n = aq^{n-1}$

Summe $s_n = a\frac{q^n - 1}{q-1} = a\frac{1-q^n}{1-q}$ für $q \neq 1$

Unendliche geometrische Reihe $s = a + aq + aq^2 + \ldots$

Summe $s = \lim_{n \to \infty} s_n = \frac{a}{1-q}$, wenn $|q| < 1$ ist. (Für $|q| < 1$ ist $\lim_{n \to \infty} q^n = 0$.)

s_n

q

$\frac{a}{1-q}$

Zinseszins- und Rentenrechnen $q = 1 + \frac{p}{100} = 1 + i$ (Zinsfaktor)

Kapital mit Zins und Zinseszins

Endwert K_n des Anfangskapitals K_0 nach n Jahren:

$K_n = K_0 \cdot q^n$

Barwert K_0 des nach n Jahren fälligen Kapitals K_n:

$K_0 = K_n \cdot \frac{1}{q^n}$

Zeitrente Ratensparen in regelmäßigen Jahresraten R

Endwert der nach n Jahren angesammelten Jahresraten R

Barwert der Zusage, n mal die Jahresrate R zu zahlen

bei *nachschüssiger* Zahlungsweise:

$E_n = R \cdot \frac{q^n - 1}{q-1} = R \cdot e_n$ | $B_n = R \cdot \frac{1}{q^n}\frac{q^n - 1}{q-1} = R \cdot b_n$

bei *vorschüssiger* Zahlungsweise:

$E_n^{\text{vor}} = R \cdot q\frac{q^n - 1}{q-1} = Rqe_n$ | $B_n^{\text{vor}} = R \cdot \frac{1}{q^{n-1}}\frac{q^n - 1}{q-1} = Rqb_n$

Sparkassenformeln

Endwert K_n des Kapitals K_0 nach n Jahren, das durch Jahresraten R vermehrt ($+$) bzw. vermindert ($-$) wird bei *nachschüssiger* Zahlungsweise: $K_n = K_0 \cdot q^n \pm R \cdot \frac{q^n - 1}{q-1}$

Schuldentilgung

Jährliche Tilgungsrate (Annuität) R_n zur Tilgung einer Schuld A in n Jahren bei *nachschüssiger* Zahlungsweise:

$$R_n = A \cdot q^n \cdot \frac{q-1}{q^n - 1} = A \cdot a_n \qquad \left(a_n = \frac{1}{b_n}\right)$$

Bezeichnungen: q^n: Aufzinsungsfaktor a_n: Tilgungsfaktor
e_n: Rentenendwertfaktor b_n: Rentenbarwertfaktor

Unterjährige Verzinsung: Wird m mal im Jahr nach gleichlangen Zeitabschnitten zu $p_m\,\% = i_m$ verzinst, so ist dies äquivalent einer jährlichen Verzinsung zu $p\,\% = i$ mit $i = (1 + i_m)^m - 1$ und $i_m = \frac{p_m}{100}$ (*Äquivalenter Zinssatz*).

K_n, K_0

E_n, B_n

R_n

Abschreibung $\left(\text{Abschreibungssatz } p\,\% = \frac{p}{100}\right)$

Lineare Abschreibung

Buchwert W_n des Anschaffungswerts W_0 nach n Jahren:

$$W_n = W_0 \cdot \left(1 - n \cdot \frac{p}{100}\right)$$

Degressive Abschreibung

Buchwert W_n des Anschaffungswerts W_0 nach n Jahren:

$$W_n = W_0\left(1 - \frac{p}{100}\right)^n = W_0 \cdot w_n \qquad (w_n\text{: Abschreibungsfaktor})$$

W_n

Algebraische Strukturen

Grundbegriffe

Algebraische Verknüpfungen

A, B, M seien nicht leere Mengen; dann heißt jede Abbildung $(A \times B) \to M$, bei der jedem geordneten Paar $(a, b) \in (A \times B)$ ein Bild $(a \circ b) \in M$ zugeordnet ist, eine algebraische Verknüpfung; $\circ$ ist das Verknüpfungszeichen.

$(A \times B) \to M$

Innere Verknüpfung $(M \times M) \to M$ (Sonderfall für $A = B = M$)

Man sagt: Die Menge M ist bezüglich der Verknüpfung abgeschlossen.

$(M \times M) \to M$

Äußere Verknüpfung 1. Art $(A \times M) \to M$ (Sonderfall für $B = M, A \neq M$)

Äußere Verknüpfung 2. Art $(A \times A) \to M$ (Sonderfall für $A = B \neq M$)

Beispiele für innere Verknüpfungen:

Produkt von zwei natürlichen Zahlen $a \in \mathbb{N}, b \in \mathbb{N}; (ab) \in \mathbb{N}$ $(A = B = M = \mathbb{N})$
Summe von zwei Vektoren $\vec{a} \in V, \vec{b} \in V; (\vec{a} + \vec{b}) \in V$ $(A = B = M = V)$

Algebraische Strukturen (Verknüpfungsgebilde)

sind nicht leere Mengen mit mindestens einer inneren Verknüpfung:

$(M; \circ)$: $(a, b) \mapsto (a \circ b)$ mit $a, b, (a \circ b) \in M$; M heißt Trägermenge.
$(M; \circ_1, \circ_2)$: Verknüpfungsgebilde mit den beiden Verknüpfungen $\circ_1, \circ_2$.

$(M; \circ)$

Abbildungen strukturierter Mengen

$(M; \circ)$, $(\hat{M}; \hat{\circ})$ seien nicht leere Mengen mit den inneren Verknüpfungen $\circ, \hat{\circ}$;

dann heißt die Abbildung f: $(M; \circ) \to (\hat{M}; \hat{\circ})$ mit $a \in M$ und $f(a) = \hat{a} \in \hat{M}$ ein:

Homomorphismus, wenn für alle $a, b \in M$ gilt: $f(a \circ b) = f(a) \hat{\circ} f(b) = \hat{a} \hat{\circ} \hat{b}$;

$(M; \circ)$ und $(\hat{M}; \hat{\circ})$ heißen homomorph (strukturverträglich).

Isomorphismus, wenn $(M; \circ) \to (\hat{M}; \hat{\circ})$ ein Homomorphismus und f bijektiv ist;

$(M; \circ)$ und $(\hat{M}; \hat{\circ})$ heißen isomorph (strukturgleichwertig).

$(M; \circ) \to (\hat{M}; \hat{\circ})$

Beispiel: $\mathbb{R}^*_+ \to \mathbb{R}$ für $f: a \mapsto \hat{a} = \lg a$ mit den Verknüpfungen $\cdot$ für $\circ$, $+$ für $\hat{\circ}$.

Entsprechend wird definiert, wenn in M und $\hat{M}$ mehrere innere Verknüpfungen festgelegt sind; so sind z. B. alle Modelle BOOLEscher Algebren isomorph (s. S. 10).

Gruppe $(G; \circ)$

Definition Ein Verknüpfungsgebilde $(G; \circ)$ heißt *Gruppe,* wenn gilt:

$(G; \circ)$

($A_\circ$) *Assoziativgesetz*
Für beliebige Elemente $a, b, c \in G$ gilt: $(a \circ b) \circ c = a \circ (b \circ c)$

($N_\circ$) *Neutrales Element*
Es gibt in G ein neutrales Element e, so daß für alle $a \in G$ gilt: $a \circ e = e \circ a = a$

($I_\circ$) *Inverses Element*
Zu jedem Element $a \in G$ gibt es ein inverses Element $a^\star \in G$, so daß gilt: $a \circ a^\star = a^\star \circ a = e$

Zur Schreibweise: Statt $a^\star$ schreibt man auch a^{-1}.

Satz Für alle $a, b \in G$ existieren $x, y \in G$, so daß gilt: $a \circ x = b$ und $y \circ a = b$

Eine Gruppe heißt *kommutative Gruppe,* wenn für alle $a, b \in G$ gilt: **($K_\circ$)**: $a \circ b = b \circ a$

Beispiele für kommutative Gruppen: $(\mathbb{Z}; +)$, $(\mathbb{Q}^*_+; \cdot)$, für eine nichtkommutative Gruppe:
$(M; \circ)$, M: Menge der Kongruenzabbildungen, $\circ$: Hintereinanderausführg., Verkettung

Ring $(R; \oplus, \odot)$

Definition Ein Verknüpfungsgebilde $(R; \oplus, \odot)$ heißt *Ring*, wenn gilt:

1) $(R; \oplus)$ ist eine kommutative Gruppe.
2) $(\boldsymbol{A}_\odot)$: $(a \odot b) \odot c = a \odot (b \odot c)$ für alle $a, b, c \in R$ (Assoziativität bzgl. $\odot$).
3) $(\boldsymbol{D}_\odot)$: $a \odot (b \oplus c) = (a \odot b) \oplus (a \odot c)$ und $(\boldsymbol{D}_\oplus)$: $(a \oplus b) \odot c = (a \odot c) \oplus (b \odot c)$ für alle $a, b, c \in R$ (Distributivität bzgl. $\odot$ und $\oplus$).

$(R; \oplus, \odot)$

Da jeder Ring $(R; \oplus, \odot)$ eine kommutative Gruppe $(R; \oplus)$ enthält, gibt es genau ein Element $x \in R$, so daß für alle $a, b \in R$ gilt: $a \oplus x = b$ und $x \oplus a = b$; *man schreibt für* x: $x = b \ominus a$ (Existenz der „Subtraktion" in R).

Ein Ring heißt *kommutativer Ring*, wenn für alle $a, b \in R$ gilt: $(\boldsymbol{K}_\odot)$: $a \odot b = b \odot a$

Beispiel für einen kommutativen Ring: $(\mathbb{Z}; +, \cdot)$

Körper $(K; \oplus, \odot)$

Definition Ein Verknüpfungsgebilde $(K; \oplus, \odot)$ heißt *Körper*, wenn gilt:

1) $(K; \oplus)$ ist eine kommutative Gruppe mit dem neutralen Element 0 (Null).
2) $(K \setminus \{0\}; \odot)$ ist eine kommutative Gruppe mit dem neutralen Element 1 (Eins).
3) $(\boldsymbol{D}_\odot)$: $a \odot (b \oplus c) = (a \odot b) \oplus (a \odot c)$ für alle $a, b, c \in K$ (Distributivität bzgl. $\odot$).

$(K; \oplus, \odot)$

Da jeder Körper $(K; \oplus, \odot)$ eine kommutative Gruppe $(K \setminus \{0\}; \odot)$ enthält, gibt es genau ein Element $x \in K$, so daß für alle $a, b \in K$, $a \neq 0$ gilt: $a \odot x = b$ und $x \odot a = b$; man schreibt: $x = b \oslash a$ $(a \neq 0)$ (Existenz der „Division" in K).

Man sagt: In jedem Körper sind alle vier Rechenarten $\oplus, \ominus, \odot, \oslash$ mit Ausnahme der „Division" durch 0 unbeschränkt ausführbar.

Beispiele für Körper: $(\mathbb{Q}; +, \cdot)$; $(\mathbb{R}; +, \cdot)$

Körper der komplexen Zahlen $(\mathbb{C}; +, \cdot)$

Die Menge der Zahlenpaare $\mathbb{C} = \{(a, b) \mid a, b \in \mathbb{R}\}$ bildet bezüglich der Verknüpfungen
Addition: $(a, b) + (c, d) = (a + c, b + d)$, *Multiplikation:* $(a, b) \cdot (c, d) = (ac - bd, ad + bc)$
den **Körper der komplexen Zahlen**.

$(\mathbb{C}; +, \cdot)$

Neutrales Element der Addition ist $(0 \mid 0)$, neutrales Element der Multiplikation ist $(1 \mid 0)$.
Statt $(a \mid 0)$ schreibt man auch a, statt $(0 \mid 1)$ auch i (*früher:* $i = \sqrt{-1}$); es ist:

$$\mathrm{i}^2 = (0,1) \cdot (0,1) = -1; \quad \mathrm{i}^3 = -\mathrm{i}; \quad \mathrm{i}^4 = +1$$

Normalform von z: $z = a + b\mathrm{i}$ mit $a, b \in \mathbb{R}$; a: Realteil, b: Imaginärteil von z

$z = a + bi$

Konjugiert komplexe Zahlen: $z = a + b\mathrm{i}$, $\bar{z} = a - b\mathrm{i}$; es ist $z\bar{z} = a^2 + b^2$

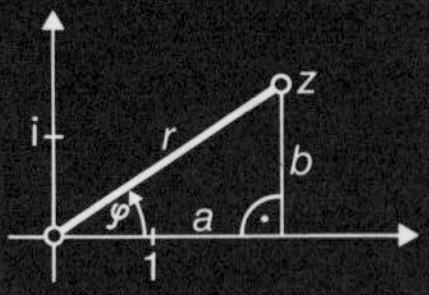

Polarform von z und EULER*sche Gleichung:*

$$z = r(\cos\varphi + \mathrm{i}\sin\varphi) = r \cdot e^{\mathrm{i}\varphi}; \quad r = |z| = |\bar{z}| = \sqrt{a^2 + b^2}; \quad \tan\varphi = \frac{b}{a}$$

Rechenoperationen (Verknüpfungen)

$z_1 \circ z_2$

$$z_1 \pm z_2 = (a_1 \pm a_2) + (b_1 \pm b_2)\,\mathrm{i}$$

$$z_1 \cdot z_2 = r_1 \cdot r_2 \cdot e^{\mathrm{i}(\varphi_1 + \varphi_2)} = r_1 r_2 [\cos(\varphi_1 + \varphi_2) + \mathrm{i}\sin(\varphi_1 + \varphi_2)]$$

$$\frac{z_1}{z_2} = \frac{r_1}{r_2} e^{\mathrm{i}(\varphi_1 - \varphi_2)} = \frac{r_1}{r_2} [\cos(\varphi_1 - \varphi_2) + \mathrm{i}\sin(\varphi_1 - \varphi_2)]$$

$$z^n = [r(\cos\varphi + \mathrm{i}\sin\varphi)]^n = r^n [\cos n\varphi + \mathrm{i}\sin n\varphi] \qquad \text{(Satz von MOIVRE)}$$

$$\sqrt[n]{z} = \sqrt[n]{a + b\mathrm{i}} = \sqrt[n]{r}\left(\cos\frac{\varphi + k \cdot 360°}{n} + \mathrm{i} \cdot \sin\frac{\varphi + k \cdot 360°}{n}\right); \qquad k = 0, 1, 2, \ldots, (n-1) \text{ (Hauptwert für } k = 0\text{)}$$

$$\ln z = \ln(a + b\mathrm{i}) = \ln|z| + \mathrm{i}\varphi \pm 2n\pi\mathrm{i}; \qquad \tan\varphi = \frac{b}{a}$$

Aussagenalgebra ({w, f}; ∨, ∧) — Aussagenlogik (Ergänzungen zu S. 1)

Junktoren sind die Verknüpfungen $\neg$, $\vee$, $\wedge$, $\rightarrow$, $\leftrightarrow$, $\not\leftrightarrow$.

Die Junktoren $\rightarrow$, $\leftrightarrow$, $\not\leftrightarrow$ *mit* **Wahrheitstafeln**

$\rightarrow$ Subjunktion; $p \rightarrow q$: „p subjungiert q"
$\leftrightarrow$ Bijunktion; $p \leftrightarrow q$: „p bijungiert q"
$\not\leftrightarrow$ Antivalenz; $p \not\leftrightarrow q$: „entweder p oder q"
(Alternative) (*ausschließendes* oder)

p	q	$p \rightarrow q$	$p \leftrightarrow q$	$p \not\leftrightarrow q$
w	w	w	w	f
w	f	f	f	w
f	w	w	f	w
f	f	w	w	f

Es ist: $p \rightarrow q \Leftrightarrow \neg p \vee q$; $p \leftrightarrow q \Leftrightarrow (\neg p \vee q) \wedge (p \vee \neg q)$; $p \not\leftrightarrow q \Leftrightarrow (p \wedge \neg q) \vee (\neg p \wedge q)$

Aussageformen Ausdrücke, in denen Aussagevariablen ein- oder mehrfach miteinander verknüpft sind, heißen Aussageformen (AF); *Sonderfälle sind:*

Wahrform (ist bei jeder Belegung der Variablen wahr), **Falschform** (ist bei jeder Belegung der Variablen falsch), **Neutralform** (ist weder Wahrform noch Falschform).

Kommutativgesetze	$p \vee q \Leftrightarrow q \vee p$	$p \wedge q \Leftrightarrow q \wedge p$
Assoziativgesetze	$(p \vee q) \vee r \Leftrightarrow p \vee (q \vee r)$	$(p \wedge q) \wedge r \Leftrightarrow p \wedge (q \wedge r)$
Distributivgesetze	$p \vee (q \wedge r) \Leftrightarrow (p \vee q) \wedge (p \vee r)$	$p \wedge (q \vee r) \Leftrightarrow (p \wedge q) \vee (p \wedge r)$
Idempotenzgesetze	$p \vee p \Leftrightarrow p$	$p \wedge p \Leftrightarrow p$
Absorptionsgesetze (Verschmelzungsges.)	$p \vee (p \wedge q) \Leftrightarrow p$	$p \wedge (p \vee q) \Leftrightarrow p$
DE MORGAN-Gesetze und andere Verneinungsgesetze	$\neg (p \vee q) \Leftrightarrow \neg p \wedge \neg q$	$\neg (p \wedge q) \Leftrightarrow \neg p \vee \neg q$
$\neg(\neg p) = p$ $\neg$ w = f; $\neg$ f = w	$p \vee \neg p$ ist *Wahrform* Satz vom ausgeschlossenen Dritten	$p \wedge \neg p$ ist *Falschform* Satz vom Widerspruch ($\Leftrightarrow \neg (p \wedge \neg p)$ ist Wahrform)

Dualitätsprinzip Zu jedem Gesetz gilt das duale Gesetz; dual zu $\vee$, $\wedge$, w, f sind $\wedge$, $\vee$, f, w. Deshalb gilt mit jedem Satz auch der dazu duale Satz.

Kontrapositionsgesetz $(p \rightarrow q) \Leftrightarrow (\neg q \rightarrow \neg p)$

Transitivgesetz $((p \rightarrow q) \wedge (q \rightarrow r)) \Rightarrow (p \rightarrow r)$

Abtrenngesetze $p \wedge (p \rightarrow q) \Rightarrow q$ (direkter Schluß)
$(p \rightarrow q) \wedge \neg q \Rightarrow \neg p$ (indirekter Schluß)

Logische Implikation, logische Äquivalenz

A, B seien Aussageformen, dann bedeutet:

$\Rightarrow$ Implikation; $A \Rightarrow B$ (*gelesen:* A impliziert B), wenn $A \rightarrow B$ Wahrform ist.
$\Leftrightarrow$ Äquivalenz; $A \Leftrightarrow B$ (*gelesen:* A äquivalent B), wenn $A \leftrightarrow B$ Wahrform ist.
(Implikation und Äquivalenz sind keine Verknüpfungszeichen.)

Quantoren

Ist $B(x)$ eine Aussageform mit der Variablen x, so bedeutet:

$\bigwedge_x B(x)$ Für alle x gilt $B(x)$ (*Allquantor*); *Beispiel:* $\bigwedge_x (x+1)^2 = x^2+2x+1$

$\bigvee_x B(x)$ Es gibt (wenigstens) ein x, für das $B(x)$ gilt (*Existenzquantor).*
Beispiel: $\bigvee_x x^3+x^2+x-3=0$ $(x \in \mathbb{R})$

Schaltalgebra ({1, 0}; ∨, ∧)

Schaltalgebra wie Aussagenalgebra (siehe oben)
mit den Zeichen 1 statt w, 0 statt f, ¯ statt $\neg$, = statt $\Leftrightarrow$ (vgl. S. 10).

Statt der Zeichen $\vee$, $\wedge$ werden auch die Zeichen $+$, $\cdot$ verwendet. Setzt man wie in der Algebra fest „$\cdot$ bindet stärker als $+$" und läßt zwischen Variablen und Klammern den Malpunkt weg, dann haben die obigen Gesetze folgende Form:

$a+b=b+a$, $ab=ba$; $(a+b)+c=a+(b+c)$, $(ab)c=a(bc)$;
$a+bc=(a+b)(a+c)$; $a(b+c)=ab+ac$; $a+a=a$, $aa=a$;
$a+ab=a(a+b)=a$; $\overline{a+b}=\bar{a}\,\bar{b}$, $\overline{ab}=\bar{a}+\bar{b}$; $\bar{\bar{a}}=a$; $\bar{1}=0$, $\bar{0}=1$

$\longrightarrow$

$\longleftrightarrow$

$\not\longleftrightarrow$

AF

$p \vee (p \wedge q)$

$\Longrightarrow$

$\Longleftrightarrow$

$\bigwedge_x$

$\bigvee_x$

({1, 0}; ∨, ∧)

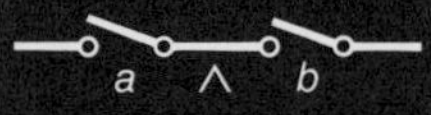

BOOLEsche Algebra $(B;\ \sqcup,\ \sqcap)$

$(B;\ \sqcup, \sqcap, \overline{\ \ })$

Definition Eine nicht leere Menge B heißt bzgl. der Verknüpfungen $\sqcup$ (Disjunktion), $\sqcap$ (Konjunktion) eine BOOLEsche Algebra $(B;\ \sqcup,\ \sqcap)$, wenn die Axiome $(K_\sqcup)$, $(K_\sqcap)$, $(D_\sqcup)$, $(D_\sqcap)$, $(N_\sqcup)$, $(N_\sqcap)$, $(C_\sqcup)$, $(C_\sqcap)$ gelten.

Axiome und Gesetze	Für alle $a, b, c \ldots \in B$ gilt:	
Kommutativität	$(\mathbf{K}_\sqcup)$ $a \sqcup b = b \sqcup a$	$(\mathbf{K}_\sqcap)$ $a \sqcap b = b \sqcap a$
Distributivität	$(\mathbf{D}_\sqcup)$ $a \sqcup (b \sqcap c) = (a \sqcup b) \sqcap (a \sqcup c)$	$(\mathbf{D}_\sqcap)$ $a \sqcap (b \sqcup c) = (a \sqcap b) \sqcup (a \sqcap c)$
Existenz der **N**eutralen Elemente	Es gibt in B ein Nullelement 0 mit $(\mathbf{N}_\sqcup)$ $a \sqcup 0 = a$	Es gibt in B ein Einselement 1 mit $(\mathbf{N}_\sqcap)$ $a \sqcap 1 = a$
	Zu jedem $a \in B$ gibt es ein komplementäres Element $\overline{a} \in B$, für das gilt:	
Existenz des **K**omplements	$(\mathbf{C}_\sqcup)$ $a \sqcup \overline{a} = 1$	$(\mathbf{C}_\sqcup)$ $a \sqcap \overline{a} = 0$
Assoziativgesetze	$(\mathbf{A}_\sqcup)$ $(a \sqcup b) \sqcup c = a \sqcup (b \sqcup c)$	$(\mathbf{A}_\sqcap)$ $(a \sqcap b) \sqcap c = a \sqcap (b \sqcap c)$
Idempotenzgesetze	$(\mathbf{I}_\sqcup)$ $a \sqcup a = a$	$(\mathbf{I}_\sqcap)$ $a \sqcap a = a$
Absorptionsgesetze (**V**erschmelzungsgesetze)	$(\mathbf{V}_\sqcup)$ $a \sqcup (a \sqcap b) = a$	$(\mathbf{V}_\sqcap)$ $a \sqcap (a \sqcup b) = a$
Gesetz für **N**eutrale Elemente	$(\mathbf{N^*}_\sqcup)$ $a \sqcup 1 = 1$	$(\mathbf{N^*}_\sqcap)$ $a \sqcap 0 = 0$
DE **M**ORGAN-Gesetze	$(\mathbf{M}_\sqcup)$ $\overline{a \sqcup b} = \overline{a} \sqcap \overline{b}$	$(\mathbf{M}_\sqcap)$ $\overline{a \sqcap b} = \overline{a} \sqcup \overline{b}$
Komplement des **K**omplements	$(\mathbf{CC})$ $\overline{(\overline{a})} = a$	
	Dual zu $\sqcup$, $\sqcap$, 1, 0 sind $\sqcap$, $\sqcup$, 0, 1.	

Modelle isomorpher BOOLEscher Algebren

BOOLEsche Algebra	$a, b, \ldots$	$\sqcup$	$\sqcap$	$=$	$\overline{a}$	1	0
Aussagenalgebra	$p, q, \ldots$	$\vee$	$\wedge$	$\Leftrightarrow$	$\neg p$	w	f
Schaltalgebra	$a, b, \ldots$	$\vee, +$	$\wedge, \cdot$	$=$	$\overline{a}$	1	0
Mengenalgebra	$A, B, \ldots$	$\cup$	$\cap$	$=$	$\overline{A}$	G	$\emptyset, \{\}$

Dualitätsprinzip:
Das Axiomensystem ist zu sich selbst dual; deshalb gilt mit jedem Satz der dazu duale.

$(\sqcup, \vee, +, \cup)$

Mengenalgebra $(G;\ \cup,\ \cap)$ – Ergänzungen zu S. 1 (G: Grundmenge)

$A \cup B$

$A \cap B$

Kommutativgesetze	$A \cup B = B \cup A$	$A \cap B = B \cap A$
Assoziativgesetze	$(A \cup B) \cup C = A \cup (B \cup C)$	$(A \cap B) \cap C = A \cap (B \cap C)$
Distributivgesetze	$A \cup (B \cap C) = (A \cup B) \cap (A \cup C)$	$A \cap (B \cup C) = (A \cap B) \cup (A \cap C)$
Idempotenzgesetze	$A \cup A = A$	$A \cap A = A$
Absorptionsgesetze	$A \cup (A \cap B) = A$	$A \cap (A \cup B) = A$
DE MORGAN-Gesetze	$\overline{A \cup B} = \overline{A} \cap \overline{B}$	$\overline{A \cap B} = \overline{A} \cup \overline{B}$
Gesetze für	$A \cup G = G$	$A \cap \emptyset = \emptyset$
Komplementmengen	$A \cup \emptyset = A$	$A \cap G = A$
$\overline{(\overline{A})} = A$, $\overline{G} = \emptyset$, $\overline{\emptyset} = G$	$A \cup \overline{A} = G$	$A \cap \overline{A} = \emptyset$
	Dual zu $\cup$, $\cap$, G, $\emptyset$ sind $\cap$, $\cup$, $\emptyset$, G.	

Mengenabbildungen (Relationen)

$R \subseteq A \times B$

Zweistellige Relationen

Definition Jede Teilmenge $R \subseteq (A \times B)$ heißt zweistellige Relation zwischen A und B, *geschrieben:* xRy, $x \in A$; $y \in B$; $(x, y) \in R$; $R = \{(x_1, y_1), (x_2, y_2) \ldots\}$

Vormenge *D* ist die Menge $\{x \mid x \in A\}$, für die es ein $y \in B$ gibt mit $(x, y) \in R$.

Nachmenge *W* ist die Menge $\{y \mid y \in B\}$, für die es ein $x \in A$ gibt mit $(x, y) \in R$.

Relation
- **aus *A* in *B*** heißt jede Teilmenge $R = \{(x, y) \mid x \in A,\ y \in B\} \subseteq (A \times B)$.
- **von *A*** in (auf) B; Vormenge ist A selbst, keine echte Teilmenge von A.
- aus (von) ***A* auf *B***; Nachmenge ist B selbst, keine echte Teilmenge von B.

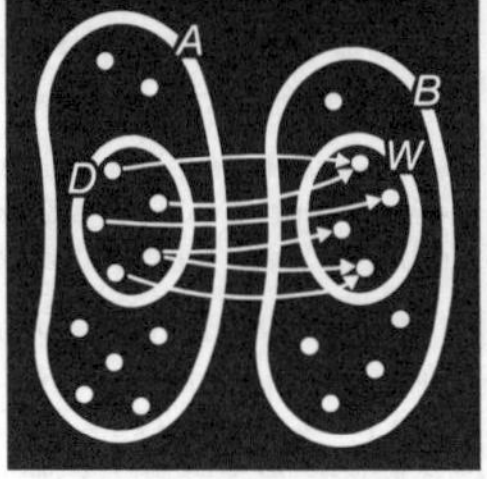

Spezielle Relationen

Relation R auf M Ist $A = B = M$, dann heißt R eine *Relation auf* M.

R ist **reflexiv,** wenn für alle $x \in M$ gilt: xRx

R ist **symmetrisch,** wenn für alle $x, y \in M$ gilt: Aus xRy folgt yRx

R ist **transitiv,** wenn für alle $x, y, z \in M$ gilt: Aus xRy und yRz folgt xRz

Inverse Relation R^{-1} (oder $\overline{R}$) ist die Menge der geordneten Paare (y, x) mit $(x, y) \in R$.

Funktion f: $f = \{(x, y) \mid x \in D \wedge y \in Z\} \subseteq (D \times Z)$, wobei stets sein muß: $(x, y),\ (x, z) \in f \Longrightarrow y = z$ (Rechtseindeutigkeit)

Eine Funktion $f: D \rightarrow Z$ ist eine rechtseindeutige Relation von D *in* Z (von D *auf* W mit $W = \{f(x) \mid x \in D\} = f(D)$); die Vormenge D heißt Definitionsmenge, die Nachmenge Z heißt Zielmenge von f; die Nachmenge W heißt Wertemenge von f.

Sonderfälle von f: $D \rightarrow Z$

injektiv f injektiv $\Longleftrightarrow (x_1 \neq x_2 \Longrightarrow f(x_1) \neq f(x_2))$
oder $(f(x_1) = f(x_2)) \Longrightarrow (x_1 = x_2)$

surjektiv f surjektiv $\Longleftrightarrow f(D) = Z$ mit Zielmenge = Wertemenge

bijektiv f bijektiv $\Longleftrightarrow f$ injektiv und f surjektiv

f ist { injektiv / surjektiv / bijektiv }, wenn jedes $y \in Z$ { höchstens / mindestens / genau } *einem* $x \in D$ zugeordnet ist.

Umkehrfunktion f^{-1} Ist die zu f inverse Relation f^{-1} (auch $\overline{f}$ geschrieben) wieder eine Funktion, so heißt f^{-1} die Umkehrfunktion von f; es ist $f^{-1} \circ f = f \circ f^{-1} =$ Identität.

R auf M

f : D ⟶ W

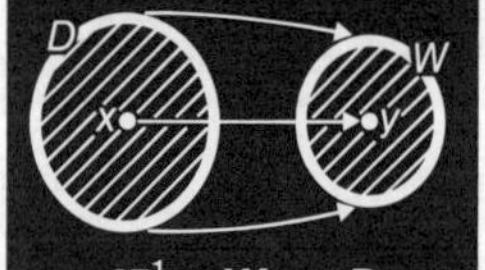

f^{-1} : W ⟶ D

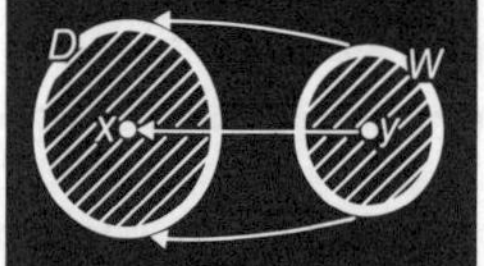

Geometrie in der Ebene

Die Kongruenzabbildungen (Originalpunkt P, Bildpunkt $\overline{P}$)

	Abb. $P \mapsto \overline{P}$	Abb. $\overline{P} \mapsto P$
Geradenspiegelung an Gerade g (Achsenspiegelung)	S_g	S_g
Parallelverschiebung um Schiebungsvektor $\vec{a}$	$V_{\vec{a}}$	$V_{-\vec{a}}$
Drehung um P um Drehwinkel φ	$D_{P,\,\varphi}$	$D_{P,\,-\varphi}$
Sonderfall: Punktspiegelung an P, wenn $\varphi = 180°$	$S_P = D_{P,\,180°}$	S_P
Schubspiegelung mit Schubspiegelachse g und Schiebungsvektor $\vec{a} \parallel g$ $(V_{\vec{a}} \circ S_g = S_g \circ V_{\vec{a}} = G_{\vec{a},\,g})$	$G_{\vec{a},\,g}$	$G_{-\vec{a},\,g}$
Identität (Bildpunkt identisch Originalpunkt)	Id	Id

Die *Kongruenzabbildungen* bilden zusammen mit der Identität Id als neutralem Element bezüglich der Hintereinanderausführung (Verketten; Zeichen: $\circ$) eine *Gruppe*.

Formeln: 1) $S_h \circ S_g = V_{2\vec{c}}$ für $g \parallel h$ und Abstandsvektor $\vec{c}$ von g zu h

2) $S_h \circ S_g = D_{C,\,2\gamma}$ für $g \cap h = \{C\}$ und $\sphericalangle\,(g, h) = \gamma$

Involutorische Abbildung: Für alle Punkte ist das Bild des Bildpunkts der Originalpunkt.

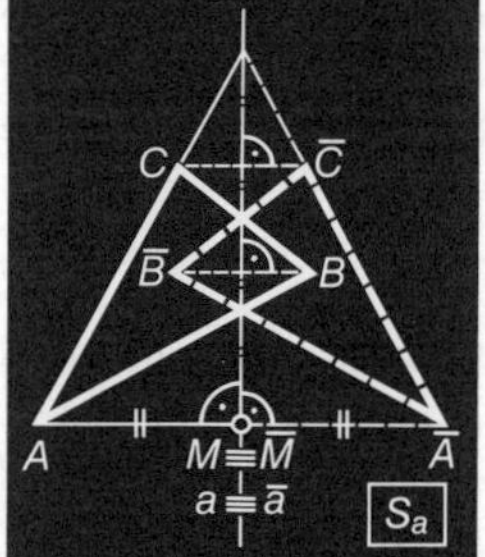

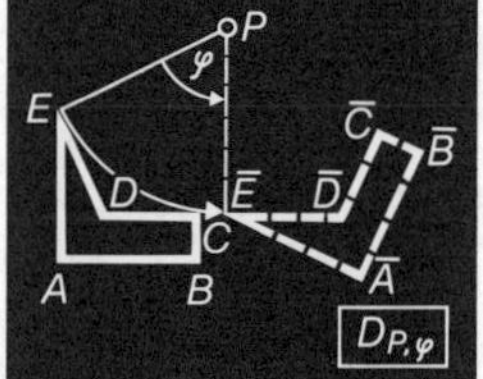

Winkel

Nebenwinkel	betragen zusammen 180°.	$\alpha + \beta = 180°$
Scheitelwinkel	sind gleich groß.	$\alpha = \alpha'$
Stufenwinkel	an geschnittenen Parallelen sind gleich groß.	$\sigma = \sigma'$
Wechselwinkel	an geschnittenen Parallelen sind gleich groß.	$\omega = \omega'$
Winkel,	deren Schenkel paarweise aufeinander senkrecht stehen, sind entweder gleich groß oder ergänzen einander zu 180°.	

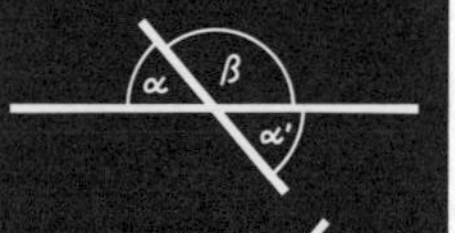

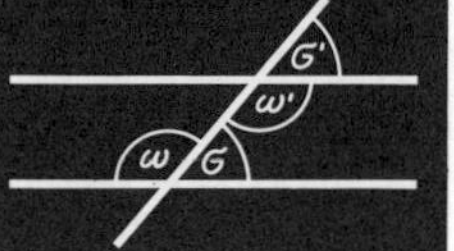

Teilung einer Strecke, Kreis des APOLLONIUS

Schreibweisen — AB: Strecke (Punktmenge); $\overline{AB}$: Streckenlänge; $\overrightarrow{AB}$: Vektor

Teilverhältnis λ — $|\lambda| = \overline{AT} : \overline{TB}$ und $\lambda_i > 0$ für inneren Teilpunkt T_i, $\lambda_a < 0$ für äußeren Teilpunkt T_a $\Leftrightarrow \overrightarrow{AT} = \lambda \overrightarrow{TB}$

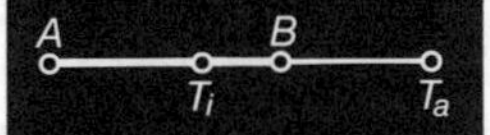

Harmonische Teilung — T_i, T_a teilen AB harmonisch, wenn $\lambda_a = -\lambda_i$ ist. ($\lambda, \lambda_i, \lambda_a \in \mathbb{R}$)

Kreis des APOLLONIUS

Der geometrische Ort aller Punkte P für die gilt: $\overline{AP} : \overline{PB} = |\lambda|$, ist der Kreis mit Durchmesser $\overline{T_i T_a}$; er heißt Kreis des APOLLONIUS.

Stetige Teilung — T teilt AB stetig, wenn $\overline{AB} : \overline{AT} = \overline{AT} : \overline{TB}$ ist;

(Goldener Schnitt) — für $\overline{AB} = a$, $\overline{AT} = x$ gilt: $a : x = x : (a-x)$; $x = \frac{a}{2}(\sqrt{5}-1)$

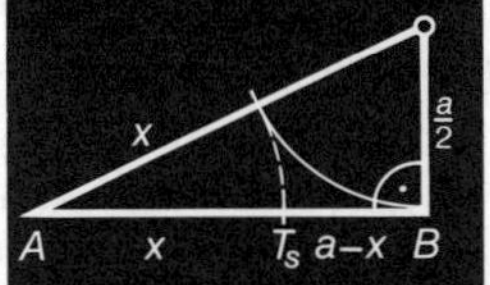

Dreieck

Seiten: a, b, c; Winkel: α, β, γ; Höhen: h_a, h_b, h_c; Flächeninhalt: A

Außenwinkel — Im Dreieck ist ein Außenwinkel gleich der Summe der beiden nichtanliegenden Innenwinkel.

Winkelsumme — Im Dreieck ist die Summe der Innenwinkel $\alpha + \beta + \gamma = 180°$.

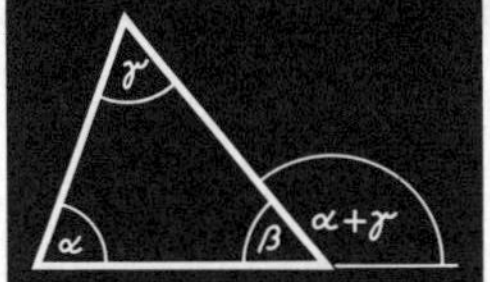

Besondere Punkte im Dreieck

Umkreismittelpunkt — Im Dreieck schneiden sich die drei *Mittelsenkrechten* in *einem* Punkt, dem Umkreismittelpunkt.

Inkreismittelpunkt — Im Dreieck schneiden sich die drei *Winkelhalbierenden* in *einem* Punkt, dem Inkreismittelpunkt.

Höhenschnittpunkt — Im Dreieck schneiden sich die drei *Höhen* bzw. ihre Verlängerungen in *einem* Punkt, dem Höhenschnittpunkt.

Schwerpunkt — Im Dreieck schneiden sich die drei *Seitenhalbierenden* (Schwerlinien) in *einem* Punkt, dem Schwerpunkt.
Der Schwerpunkt teilt jede Seitenhalbierende vom Eckpunkt des Dreiecks aus im Verhältnis 2 : 1.

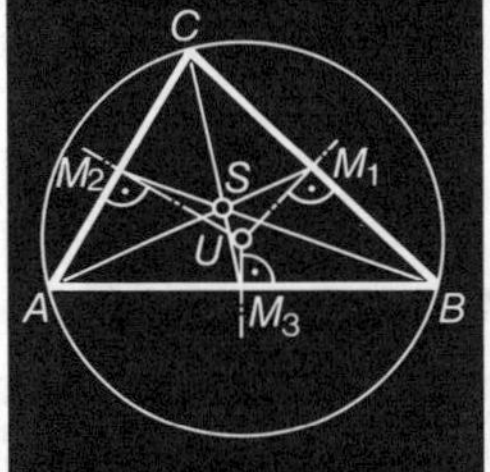

Gleichschenkliges Dreieck (mindestens *eine* Achse)

$a = b,\ \alpha = \beta \qquad h_c = \sqrt{a^2 - \left(\frac{c}{2}\right)^2}; \qquad A = \frac{1}{2} c h_c$

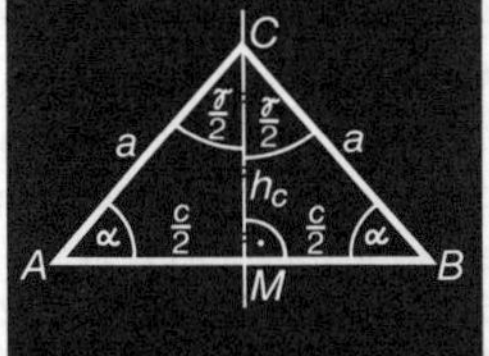

Gleichseitiges Dreieck (*drei* Achsen)

$\alpha = \beta = \gamma = 60° \qquad h = \frac{a}{2}\sqrt{3}; \quad r = \frac{a}{3}\sqrt{3}; \quad \varrho = \frac{a}{6}\sqrt{3}; \quad A = \frac{a^2}{4}\sqrt{3}$

(Umkreisradius r, Inkreisradius ϱ)

Rechtwinkliges Dreieck

$\gamma = 90°$

Satz des PYTHAGORAS:	$c^2 = a^2 + b^2$
Höhensatz:	$h^2 = p\,q$
Kathetensatz:	$a^2 = c\,p;\ b^2 = c\,q$
Flächeninhalt:	$A = \frac{1}{2} c\,h = \frac{1}{2} c\sqrt{p\,q} = \frac{1}{2} a\,b$

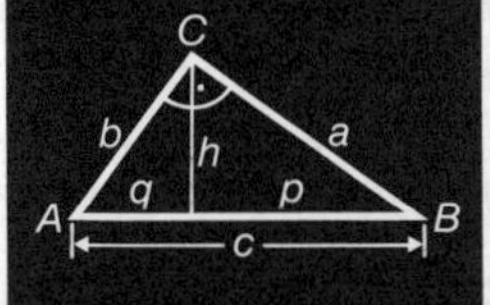

Beliebiges Dreieck

Seitenhalbierende: $s_a = \frac{1}{2}\sqrt{2(b^2+c^2) - a^2}$; *Winkelhalbierende:* $w_\alpha = \frac{2}{b+c}\sqrt{b\,c\,s\,(s-a)}$

Höhen: $h_a : h_b = b : a$; *Umkreisradius:* $r = \frac{a\,b\,c}{4A}$; *Inkreisradius:* $\varrho = \frac{2A}{a+b+c}$;

$A = \frac{1}{2} a\,h_a = \frac{1}{2} b\,h_b = \frac{1}{2} c\,h_c = \frac{a\,b\,c}{4r} = \sqrt{s(s-a)(s-b)(s-c)}; \quad s = \frac{1}{2}(a+b+c)$

(Die Formeln für s_a, w_α, $h_a : h_b$ gelten auch bei zyklischer Vertauschung.)

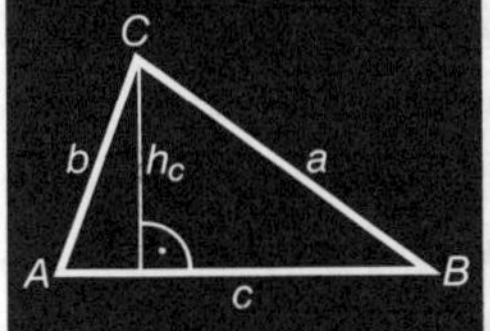

Kongruenzsätze

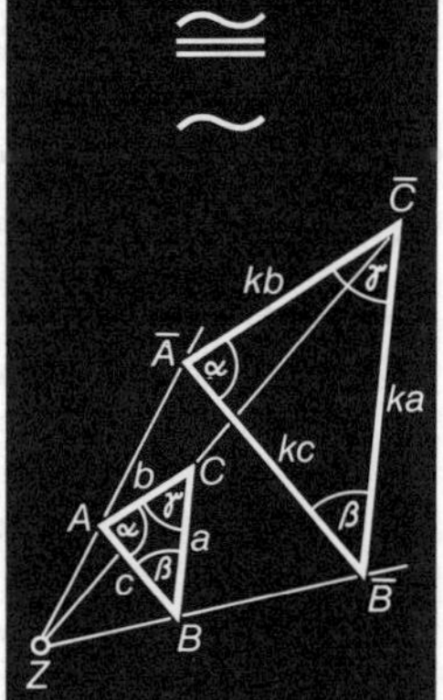

Dreiecke sind kongruent ($\triangle ABC \cong \triangle A'B'C'$), wenn sie übereinstimmen in

❶ drei Seiten, *oder* **sss**
❷ zwei Seiten und dem von diesen Seiten eingeschlossenen Winkel, *oder* **sws**
❸ zwei Seiten und dem Gegenwinkel der längeren Seite, *oder* **ssw**
❹ einer Seite und den beiden anliegenden Winkeln **wsw**
(einer Seite und zwei gleichliegenden Winkeln). ***(wws)***

Ähnlichkeitssätze

Zwei Dreiecke sind ähnlich ($\triangle ABC \sim \triangle A'B'C'$), wenn

❶ drei Paare entsprechender Seiten dasselbe Verhältnis haben, *oder*
❷ zwei Paare entsprechender Seiten dasselbe Verhältnis haben und die von diesen Seiten eingeschlossenen Winkel übereinstimmen, *oder*
❸ zwei Paare entsprechender Seiten dasselbe Verhältnis haben und die Gegenwinkel der längeren Seiten übereinstimmen, *oder*
❹ zwei Winkel übereinstimmen.

(Verhältnisse der Paare entsprechender Seiten sind $a' : a,\ b' : b,\ c' : c$)

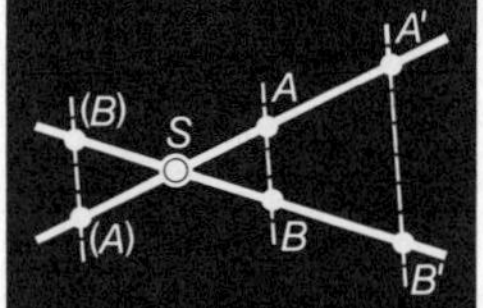

Zentrische Streckung und Strahlensätze

Zentrische Streckung mit Zentrum Z und Streckfaktor k ($k \in \mathbb{R}^*$)

$\overrightarrow{Z\bar{P}} = k\,\overrightarrow{ZP}$ Für alle Punkte P, Q gilt: $\overrightarrow{\bar{P}\bar{Q}} = k\overrightarrow{PQ}$; Flächeninhalte: $\bar{A} : A = k^2$

Strahlensätze Wenn $AB \parallel A'B'$, dann gilt:

1) $\overline{SA} : \overline{SA'} = \overline{SB} : \overline{SB'}$; $\overline{SA} : \overline{AA'} = \overline{SB} : \overline{BB'}$.

2) $\overline{AB} : \overline{A'B'} = \overline{SA} : \overline{SA'}$. (*Man beachte:* Kehrsatz von 1 ist richtig, von 2 nicht)

Vierte Proportionale zu a, b, c $a : b = c : x$; $\frac{a}{b} = \frac{c}{x}$; $x = \frac{bc}{a}$

Mittlere Proportionale zu a, b $a : x = x : b$; $\frac{a}{x} = \frac{x}{b}$; $x = \sqrt{ab}$ *(geom. Mittel)*

Viereck (Diagonalen e, f, auch d; Umfang U; Flächeninhalt A)

Winkelsumme Im Viereck ist die Summe der Innenwinkel $\alpha + \beta + \gamma + \delta = 360°$.

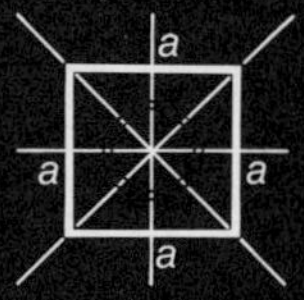

Quadrat (4 Achsen; Diagonalen senkrecht aufeinander und gleich lang)
$d = a\sqrt{2}$ $U = 4a$ $A = a^2$

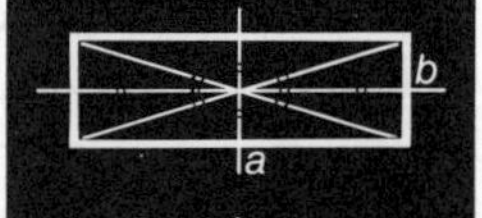

Rechteck (2 Achsen; Diagonalen gleich lang)
$d = \sqrt{a^2 + b^2}$ $U = 2(a+b)$ $A = ab$

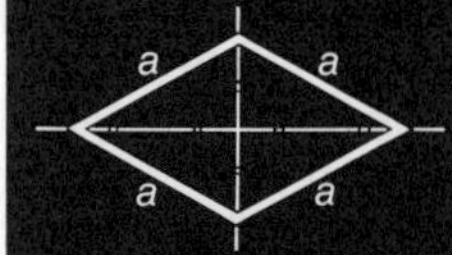

Raute (2 Achsen, Diagonalen senkrecht aufeinander)
$e^2 + f^2 = 4a^2$ $U = 4a$ $A = \frac{1}{2}ef$

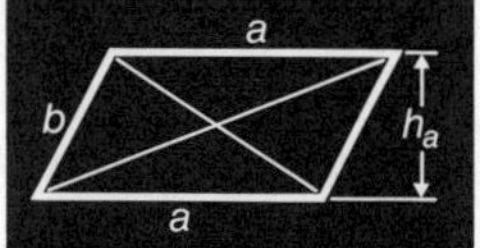

Parallelogramm (punktsymmetrisch; Diagonalen halbieren sich gegenseitig)
$U = 2(a+b)$ $A = ah_a = bh_b$

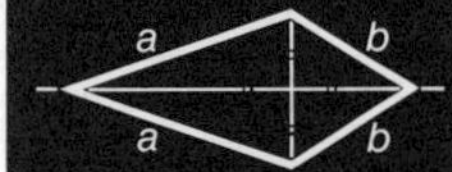

Drachen (1 Achse; Diagonalen senkrecht aufeinander)
$U = 2(a+b)$ $A = \frac{1}{2}ef$

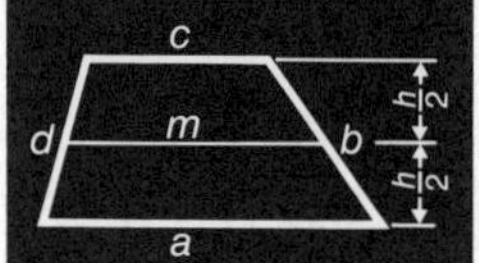

Trapez (1 Schrägachse; Seiten; $a \parallel c$ heißen Grundseiten; m: Mittelparallele)
$m = \frac{1}{2}(a+c)$ $U = a+b+c+d$ $A = mh$

Geometrie am Kreis

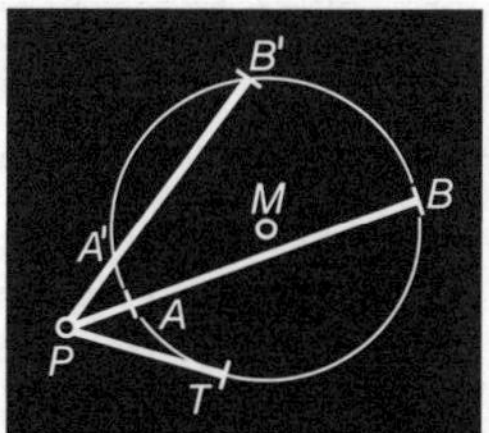

Satz des THALES Jeder Winkel im Halbkreis ist ein Rechter (*Kurzform*).

Sekanten-Tangentensatz $\overline{PA} \cdot \overline{PB} = \overline{PA'} \cdot \overline{PB'} = \overline{PT}^2$ (s. Figur)

Sehnen-Halbsehnensatz $\overline{PA} \cdot \overline{PB} = \overline{PA'} \cdot \overline{PB'} = \overline{PS}^2$ (*P im* Kreis!)

Randwinkel (Umfangs-, Peripheriewinkel) über gleich langen Bogen sind gleich groß; sie sind halb so groß wie ihr zugehöriger Mittelpunktswinkel.
Der Spezialfall für $\sphericalangle AMB = 180°$ liefert $\gamma = 90°$ (Satz des THALES).

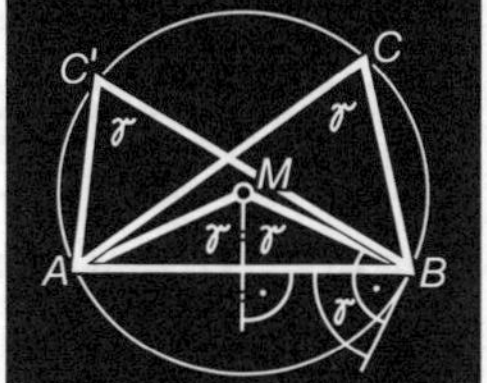

Sehnen-Tangentenwinkel
sind gleich groß wie Randwinkel auf der anderen Seite der Sehne.

Im **Sehnenviereck** ist die Summe zweier Gegenwinkel 180°. $\alpha + \gamma = \beta + \delta = 180°$

Im **Tangentenviereck** ist die Summe zweier Gegenseiten gleich der Summe der beiden anderen. $a + c = b + d$

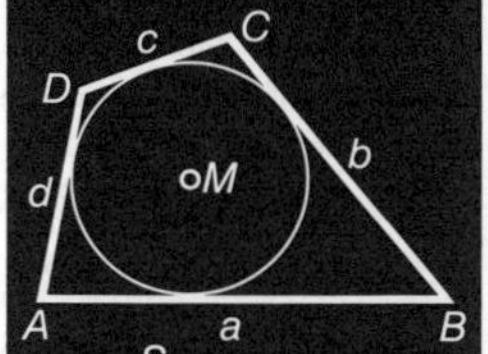

Vieleck (*n*-Eck)

Winkelsumme Im *n*-Eck ist die Summe der Innenwinkel $\alpha_1 + \ldots + \alpha_n = (n-2) \cdot 180°$.

Regelmäßige Vielecke (*r*: Umkreisradius; ϱ: Inkreisradius)

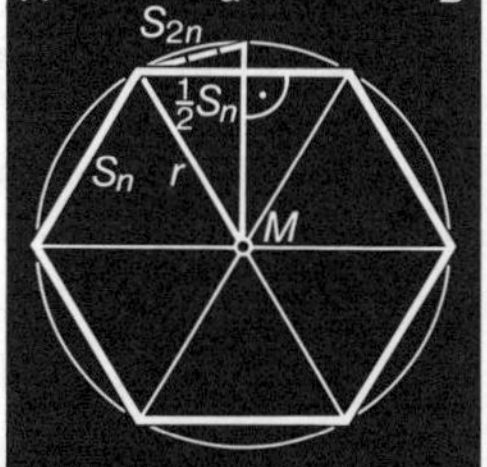

n	Seitenlänge s_n	Umfang U_n	Flächeninhalt A_n
3	$r\sqrt{3}$	$\approx 2r \cdot 2{,}60$	$\frac{3}{4} r^2 \sqrt{3}$
4	$r\sqrt{2}$	$\approx 2r \cdot 2{,}83$	$2r^2$
5	$\frac{r}{2}\sqrt{10 - 2\sqrt{5}}$	$\approx 2r \cdot 2{,}94$	$\frac{5}{8} r^2 \sqrt{10 + 2\sqrt{5}}$
10	$\frac{r}{2}(\sqrt{5} - 1)$	$\approx 2r \cdot 3{,}09$	$\frac{5}{4} r^2 \sqrt{10 - 2\sqrt{5}}$
$2n$	$s_{2n} = \sqrt{2r^2 - r\sqrt{4r^2 - s_n^2}}$	$U_{2n} = 2n \cdot s_{2n}$	$A_{2n} = n \cdot \varrho_{2n} \cdot s_{2n}$

Kreis, Kreisteile

Kreisumfang $U = 2\pi r = \pi d$ $(\pi = 3{,}14159\ldots..)$

-inhalt $A = \pi r^2 = \frac{\pi}{4} d^2$

-bogen $b = 2\pi r \cdot \frac{\alpha}{360°} = r \cdot \frac{\pi\alpha}{180°} = rx$

-ausschnitt (Sektor) $A = \pi r^2 \cdot \frac{\alpha}{360°} = \frac{br}{2} = \frac{r^2}{2} x$

-abschnitt (Segment) $A = \frac{r^2}{2}\left(\frac{\pi\alpha}{180°} - \sin\alpha\right) = \frac{r^2}{2}(x - \sin x)$

α in Grad einsetzen!
$x = \frac{\pi\alpha}{180°}$ (Bogenmaß von α)
statt x schreibt man auch arc α oder $\widehat{\alpha}$.

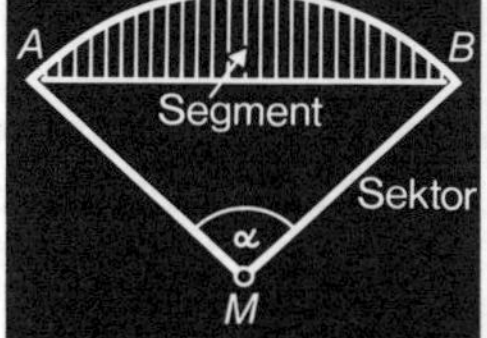

Geometrie im Raum (Körperberechnung)

d: räumliche Diagonale — *r*: Radius — *G*: Grundfläche — *O*: Oberfläche
h: räumliche Höhe — *s*: Mantellinie — *M*: Mantelfläche — *V*: Volumen

Einfache Körper

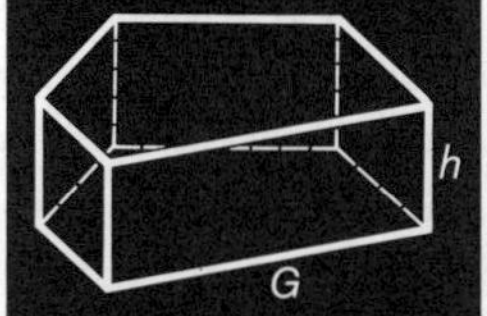

Würfel	$V = a^3;\ d = a\sqrt{3}$	$O = 6a^2$
Quader	$V = abc;\ d = \sqrt{a^2 + b^2 + c^2}$	$O = 2(ab + ac + bc)$
Prisma	$V = Gh$	$O = 2G + M$
Pyramide	$V = \frac{1}{3} Gh$	$O = G + M$
Pyramidenstumpf	$V = \frac{h}{3}(G_1 + \sqrt{G_1 G_2} + G_2)$	(auch für allgemeinen Kegelstumpf gültig)

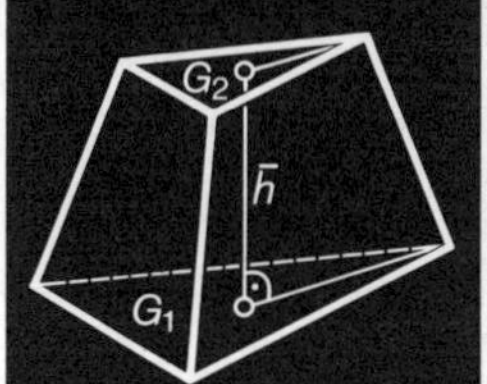

Regelmäßige Körper Kantenlänge a; Umkugelradius r; Inkugelradius ϱ

Tetraeder O: 4 reg. Dreiecke	$V = \frac{a^3}{12}\sqrt{2}$ $r = \frac{a}{4}\sqrt{6}$; $h = \frac{a}{3}\sqrt{6}$	$O = a^2\sqrt{3}$ $\varrho = \frac{a}{12}\sqrt{6}$
Hexaeder (Würfel) O: 6 Quadrate	$V = a^3$ $r = \frac{a}{2}\sqrt{3}$	$O = 6a^2$ $\varrho = \frac{a}{2}$
Oktaeder O: 8 reg. Dreiecke	$V = \frac{a^3}{3}\sqrt{2}$ $r = \frac{a}{2}\sqrt{2}$	$O = 2a^2\sqrt{3}$ $\varrho = \frac{a}{6}\sqrt{6}$
Dodekaeder O: 12 reg. Fünfecke	$V = \frac{a^3}{4}(15+7\sqrt{5})$ $r = \frac{a}{4}\sqrt{3}(1+\sqrt{5})$	$O = 3a^2\sqrt{5(5+2\sqrt{5})}$ $\varrho = \frac{a}{4}\sqrt{10+\frac{22}{5}\sqrt{5}}$
Ikosaeder O: 20 reg. Dreiecke	$V = \frac{5a^3}{12}(3+\sqrt{5})$ $r = \frac{a}{4}\sqrt{2(5+\sqrt{5})}$	$O = 5a^2\sqrt{3}$ $\varrho = \frac{a}{12}\sqrt{3}(3+\sqrt{5})$

EULERscher Polyedersatz

***f*-flach**	Für alle konvexen Polyeder mit e Ecken, f Flächen und k Kanten gilt: $e+f = k+2$

Zylinder, Kegel, Kugel, Kugelteile

Zylinder	$V = G \cdot h$	$O = 2G+M$
Senkrechter Kreiszylinder	$V = \pi r^2 h$	$M = 2\pi r h$; $O = 2\pi r(r+h)$
Kegel	$V = \frac{1}{3} G h$	$O = G+M$
Senkr. Kreiskegel	$V = \frac{\pi}{3} r^2 h$	$M = \pi r s$; $O = \pi r(r+s)$
Kegelstumpf vom senkr. Kreiskegel	$V = \frac{\pi \bar{h}}{3}(r_1^2+r_1 r_2+r_2^2)$	$M = \pi \bar{s}(r_1+r_2)$
Kugel	$V = \frac{4}{3}\pi r^3$	$O = 4\pi r^2$
-abschnitt (-kappe, -segment)	$V = \frac{\pi}{3} h^2 (3r-h)$ $= \frac{\pi h}{6}(3r_1^2+h^2)$	$M = 2\pi r h = \pi(r_1^2+h^2)$
-ausschnitt (-sektor)	$V = \frac{2\pi}{3} r^2 h$	$M = 2\pi r\left(h+\frac{1}{2}\sqrt{h(2r-h)}\right)$
-schicht (-zone)	$V = \frac{\pi h}{6}(3r_1^2+3r_2^2+h^2)$	$M = 2\pi r h$

Ellipsoid, Drehkörper

Ellipsoid	$V = \frac{4}{3}\pi a b c$ (a, b, c Halbachsen)	Drehellipsoid $V = \frac{4}{3}\pi a b^2$ (Drehung um Achse mit Länge $2a$)
Drehparaboloid	$V = \frac{1}{2}\pi r^2 h = \pi p h^2$	(p Parameter der Achsenschnitt-parabel)
Torus (Ring)	$V = 2\pi^2 r^2 R$	$O = 4\pi^2 r R$

Prinzip von CAVALIERI

Satz Stehen Körper auf derselben Ebene und werden sie von jeder Parallelebene in flächengleichen Figuren geschnitten, so haben sie denselben Rauminhalt.

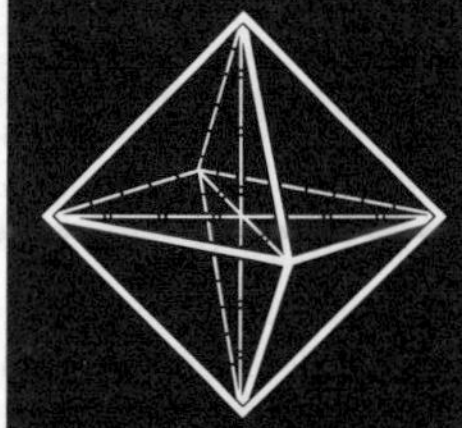

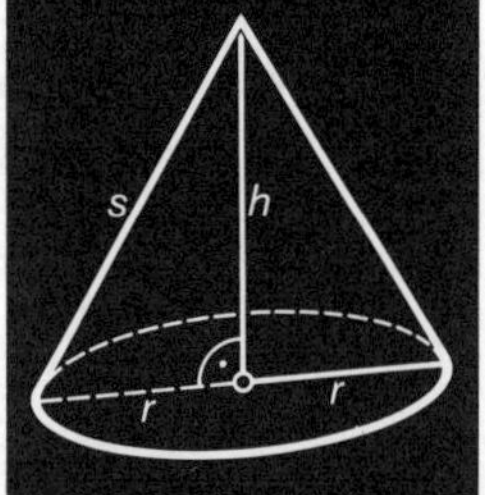

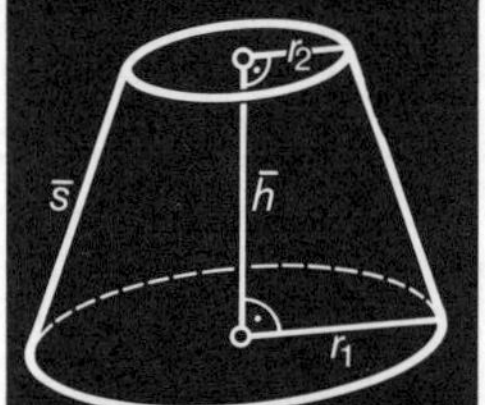

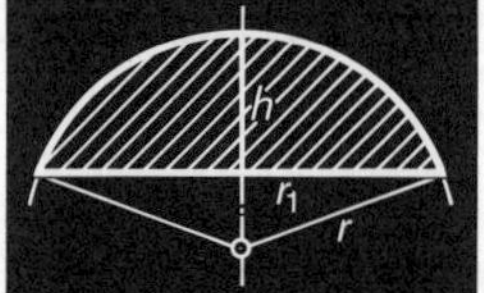

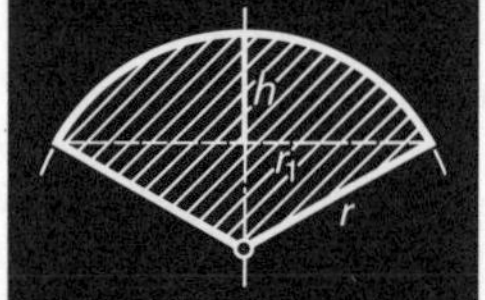

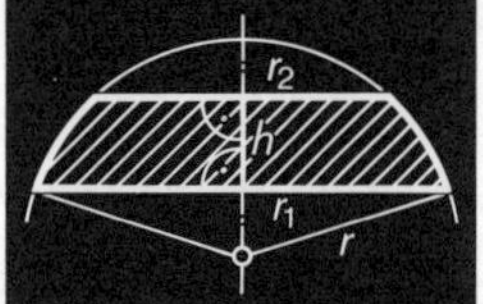

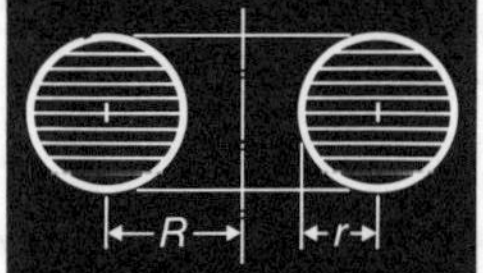

Trigonometrie

Kreisfunktionen (Winkelfunktionen, trigonometrische Funktionen)

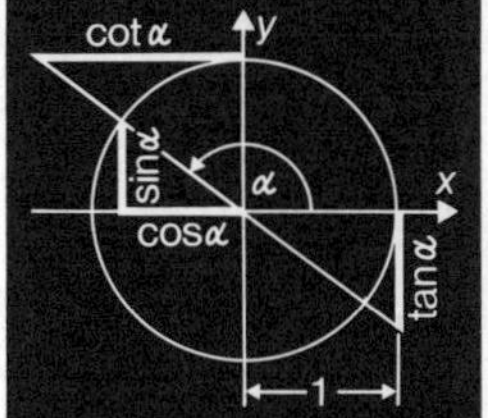

Definition der Kreisfunktionen

Für *spitze* Winkel im rechtwinkligen Dreieck:

$\sin\alpha = \dfrac{\text{Gegenkathete}}{\text{Hypotenuse}}$ | $\cos\alpha = \dfrac{\text{Ankathete}}{\text{Hypotenuse}}$

$\tan\alpha = \dfrac{\text{Gegenkathete}}{\text{Ankathete}}$ | $\cot\alpha = \dfrac{\text{Ankathete}}{\text{Gegenkathete}}$

Für *beliebige* Winkel im Kreis um *O* (*Spezialfall* $r = 1$, Einheitskreis):

$\sin\alpha = \dfrac{y}{r}$ | $\cos\alpha = \dfrac{x}{r}$

$\tan\alpha = \dfrac{y}{x}$ | $\cot\alpha = \dfrac{x}{y}$

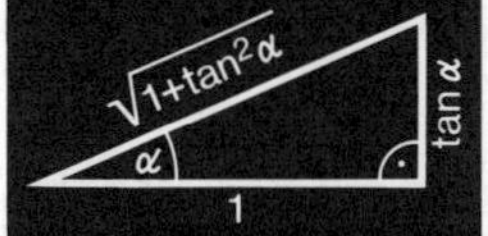

Beziehungen zwischen den Kreisfunktionen

$\cos^2\alpha + \sin^2\alpha = 1$ | $\tan\alpha = \dfrac{\sin\alpha}{\cos\alpha}$ | $\cot\alpha = \dfrac{\cos\alpha}{\sin\alpha} = \dfrac{1}{\tan\alpha}$

$\sin\alpha = \dfrac{\tan\alpha}{\pm\sqrt{1+\tan^2\alpha}}$ | $\cos\alpha = \dfrac{1}{\pm\sqrt{1+\tan^2\alpha}}$ | $\tan\alpha = \dfrac{\sin\alpha}{\pm\sqrt{1-\sin^2\alpha}} = \dfrac{\pm\sqrt{1-\cos^2\alpha}}{\cos\alpha}$

$\sin\alpha = \cos(90° - \alpha)$ | $\cos\alpha = \sin(90° - \alpha)$ | $\tan\alpha = \cot(90° - \alpha)$

Das Vorzeichen der Wurzeln hängt vom Quadranten ab!

Besondere Werte

	0 $0°$	$\frac{\pi}{6}$ $30°$	$\frac{\pi}{4}$ $45°$	$\frac{\pi}{3}$ $60°$	$\frac{\pi}{2}$ $90°$
sin	0	$\frac{1}{2}$	$\frac{1}{2}\sqrt{2}$	$\frac{1}{2}\sqrt{3}$	1
cos	1	$\frac{1}{2}\sqrt{3}$	$\frac{1}{2}\sqrt{2}$	$\frac{1}{2}$	0
tan	0	$\frac{1}{3}\sqrt{3}$	1	$\sqrt{3}$	—
cot	—	$\sqrt{3}$	1	$\frac{1}{3}\sqrt{3}$	0

Beispiel: $\sin\frac{\pi}{6} = \sin 30° = \frac{1}{2}$

Umwandlungen

	$\frac{\pi}{2}\pm\alpha$ $90°\pm\alpha$	$\pi\pm\alpha$ $180°\pm\alpha$	$\frac{3\pi}{2}\pm\alpha$ $270°\pm\alpha$	$2\pi-\alpha$ $360°-\alpha$
sin	$\cos\alpha$	$\mp\sin\alpha$	$-\cos\alpha$	$-\sin\alpha$
cos	$\mp\sin\alpha$	$-\cos\alpha$	$\pm\sin\alpha$	$\cos\alpha$
tan	$\mp\cot\alpha$	$\pm\tan\alpha$	$\mp\cot\alpha$	$-\tan\alpha$
cot	$\mp\tan\alpha$	$\pm\cot\alpha$	$\mp\tan\alpha$	$-\cot\alpha$

Beispiel: $\cos(90° + \alpha) = -\sin\alpha$

sin

+	+
−	−

cos

−	+
−	+

tan, cot

−	+
+	−

Umformungen

α ± β

$\sin(\alpha \pm \beta) = \sin\alpha\cdot\cos\beta \pm \cos\alpha\cdot\sin\beta$

$\cos(\alpha \pm \beta) = \cos\alpha\cdot\cos\beta \mp \sin\alpha\cdot\sin\beta$

$\tan(\alpha \pm \beta) = \dfrac{\tan\alpha \pm \tan\beta}{1 \mp \tan\alpha\cdot\tan\beta}$

$\cot(\alpha \pm \beta) = \dfrac{\cot\alpha\cdot\cot\beta \mp 1}{\cot\beta \pm \cot\alpha}$

$\sin\alpha + \sin\beta = 2\sin\dfrac{\alpha+\beta}{2}\cos\dfrac{\alpha-\beta}{2}$

$\sin\alpha - \sin\beta = 2\cos\dfrac{\alpha+\beta}{2}\sin\dfrac{\alpha-\beta}{2}$

$\cos\alpha + \cos\beta = 2\cos\dfrac{\alpha+\beta}{2}\cos\dfrac{\alpha-\beta}{2}$

$\cos\alpha - \cos\beta = -2\sin\dfrac{\alpha+\beta}{2}\sin\dfrac{\alpha-\beta}{2}$

$\sin(\alpha+\beta)\cdot\sin(\alpha-\beta) = \sin^2\alpha - \sin^2\beta$

$\cos(\alpha+\beta)\cdot\cos(\alpha-\beta) = \cos^2\alpha - \sin^2\beta$

$\sin\alpha\cdot\sin\beta = \frac{1}{2}[\cos(\alpha-\beta) - \cos(\alpha+\beta)]$

$\cos\alpha\cdot\cos\beta = \frac{1}{2}[\cos(\alpha-\beta) + \cos(\alpha+\beta)]$

2α

$\sin 2\alpha = 2\sin\alpha\cdot\cos\alpha$; $\cos 2\alpha = \cos^2\alpha - \sin^2\alpha = 2\cos^2\alpha - 1 = 1 - 2\sin^2\alpha$;

$\tan 2\alpha = \dfrac{2\tan\alpha}{1-\tan^2\alpha}$; $\cot 2\alpha = \dfrac{\cot^2\alpha - 1}{2\cot\alpha} = \dfrac{\cot\alpha - \tan\alpha}{2}$;

α/2

$\sin\dfrac{\alpha}{2} = \pm\sqrt{\dfrac{1-\cos\alpha}{2}}$; $\cos\dfrac{\alpha}{2} = \pm\sqrt{\dfrac{1+\cos\alpha}{2}}$; $\tan\dfrac{\alpha}{2} = \dfrac{\sin\alpha}{1+\cos\alpha} = \dfrac{1-\cos\alpha}{\sin\alpha}$;

3α

$\sin 3\alpha = 3\sin\alpha - 4\sin^3\alpha$; $\cos 3\alpha = 4\cos^3\alpha - 3\cos\alpha$; $\tan 3\alpha = \dfrac{3\tan\alpha - \tan^3\alpha}{1 - 3\tan^2\alpha}$;

$\sin 4\alpha = 4\sin\alpha\cdot\cos\alpha - 8\sin^3\alpha\cdot\cos\alpha$; $\cos 4\alpha = 8\cos^4\alpha - 8\cos^2\alpha + 1$;

nα

$\sin n\alpha = \binom{n}{1}\cos^{n-1}\alpha\cdot\sin\alpha - \binom{n}{3}\cos^{n-3}\alpha\cdot\sin^3\alpha + \binom{n}{5}\cos^{n-5}\alpha\cdot\sin^5\alpha - + \cdots$;

$\cos n\alpha = \cos^n\alpha - \binom{n}{2}\cos^{n-2}\alpha\cdot\sin^2\alpha + \binom{n}{4}\cos^{n-4}\alpha\cdot\sin^4\alpha - + \cdots$

Bogenmaß und Radiant, Periodizität

Bogenmaß x von Winkel α (Statt x schreibt man auch arc α, *gelesen:* arcus α.)

Es ist $x = \dfrac{\text{Länge eines zu Winkel } \alpha \text{ gehörenden Kreisbogens } b}{\text{Länge des zu diesem Bogen gehörenden Radius } r}$ mit Einheit 1 Radiant (1 rad).

Ein Winkel hat die Größe 1 rad oder Bogenmaß 1, wenn $b = r$ (z. B. 1 m) ist.

Umrechnungen (s. auch Math. Tafeln S. 5): $\alpha : 180° = x : \pi$ (α in Grad einsetzen!)

$$x = \frac{\alpha}{180°} \cdot \pi; \quad \alpha = \frac{x}{\pi} \cdot 180°; \quad 1 \text{ rad} = \frac{180°}{\pi} \approx 57{,}29578°; \quad 1° = \frac{\pi}{180} \text{ rad}$$

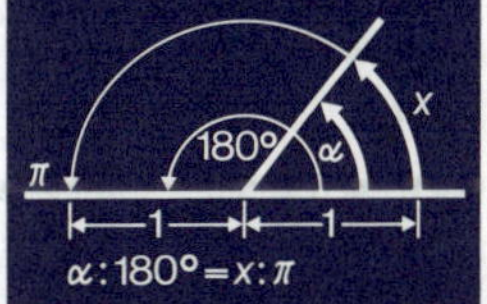

Periodizität $(k \in \mathbb{Z})$ $\sin(x + k \cdot 2\pi) = \sin x$; $\cos(x + k \cdot 2\pi) = \cos x$; $\tan(x + k \cdot \pi) = \tan x$; $\cot(x + k \cdot \pi) = \cot x$

Periode von $\sin x$, $\cos x$: 2π; von $\tan x$, $\cot x$: π

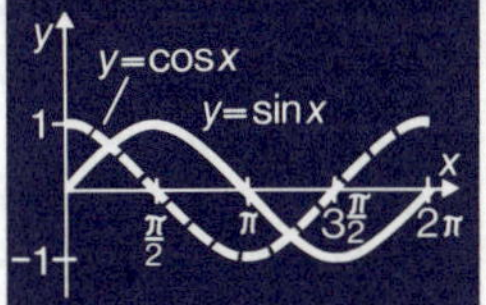

Allgemeine Schwingung mit Periode 2 π (Überlagerung: $a, b \in \mathbb{R}$)

$$y = a \cdot \sin x + b \cdot \cos x = \sqrt{a^2 + b^2} \cdot \sin(x + \varphi) \text{ mit } \cos\varphi = \frac{a}{\sqrt{a^2 + b^2}} \text{ und } \sin\varphi = \frac{b}{\sqrt{a^2 + b^2}}$$

Ebenes Dreieck

Sinussatz: $\dfrac{a}{\sin\alpha} = \dfrac{b}{\sin\beta} = \dfrac{c}{\sin\gamma} = 2r$ — r: Umkreisradius

Kosinussatz: $a^2 = b^2 + c^2 - 2bc\cos\alpha$

ϱ: Inkreisradius

Tangenssatz: $\dfrac{a+b}{a-b} = \dfrac{\tan\frac{1}{2}(\alpha+\beta)}{\tan\frac{1}{2}(\alpha-\beta)}$ — $s = \frac{1}{2}(a+b+c)$

Halbwinkelsatz: $\tan\dfrac{\alpha}{2} = \sqrt{\dfrac{(s-b)(s-c)}{s(s-a)}} = \dfrac{\varrho}{s-a}$

(und entsprechende Formeln durch zyklische Vertauschung)

Flächeninhalt: $A = \dfrac{1}{2}ab\sin\gamma = 2r^2\sin\alpha \cdot \sin\beta \cdot \sin\gamma$

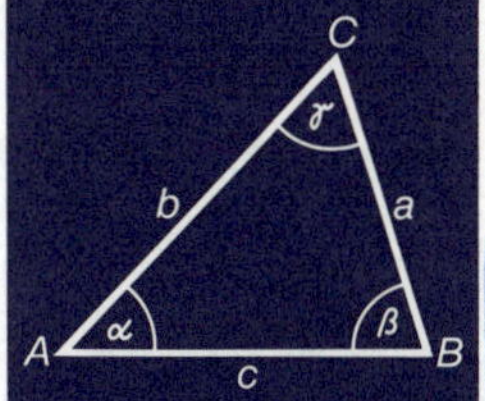

Kugeldreieck (Entsprechende Formeln durch zyklische Vertauschung)

Rechtwinkliges Kugeldreieck ($\gamma = 90°$)

$\sin\alpha = \dfrac{\sin a}{\sin c}$; $\cos\alpha = \dfrac{\tan b}{\tan c} = \cos a \cdot \sin\beta$; $\tan\alpha = \dfrac{\tan a}{\sin b}$

$\cos c = \cos a \cdot \cos b$; $\cos c = \cot\alpha \cdot \cot\beta$

NEPERsche Regel

cos eines Stückes = { Produkt der *cot* der benachbarten Stücke, Produkt der *sin* der nicht benachbarten Stücke,

wobei a durch $(90° - a)$ und b durch $(90° - b)$ ersetzt und $\sphericalangle\gamma = 90°$ nicht beachtet wird.

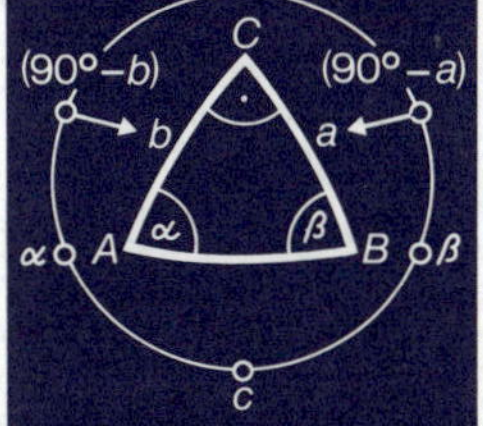

Schiefwinkliges Kugeldreieck (EULERsches Dreieck)

Flächeninhalt: $A = \dfrac{\pi r^2 \varepsilon}{180°}$ — $\varepsilon = \alpha + \beta + \gamma - 180°$ (sphärischer Exzeß)

Sinussatz: $\dfrac{\sin a}{\sin\alpha} = \dfrac{\sin b}{\sin\beta} = \dfrac{\sin c}{\sin\gamma}$

Seitenkosinussatz: $\cos a = \cos b\cos c + \sin b\sin c\cos\alpha$

Winkelkosinussatz: $\cos\alpha = -\cos\beta\cos\gamma + \sin\beta\sin\gamma\cos a$

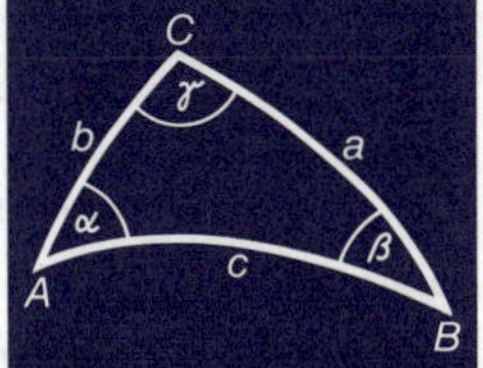

Arkusfunktionen (Umkehrfunktionen der Kreisfunktionen)

$\sin y = x$	mit	$-\frac{\pi}{2} \leqq y \leqq \frac{\pi}{2}$	$\Leftrightarrow$	$y = \arcsin x$	(Hauptwert)
$\cos y = x$	mit	$0 \leqq y \leqq \pi$	$\Leftrightarrow$	$y = \arccos x$	(Hauptwert)
$\tan y = x$	mit	$-\frac{\pi}{2} < y < \frac{\pi}{2}$	$\Leftrightarrow$	$y = \arctan x$	(Hauptwert)
$\cot y = x$	mit	$0 < y < \pi$	$\Leftrightarrow$	$y = \operatorname{arccot} x$	(Hauptwert)

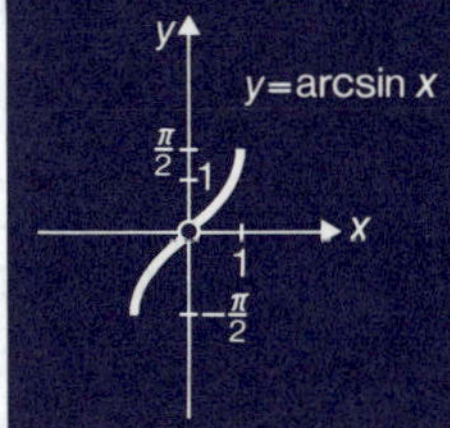

Vektoren im Anschauungsraum, Determinanten

Grundlegendes über Vektoren

Vektor $\vec{a} = \overrightarrow{P_1P_2} = -\overrightarrow{P_2P_1}$; statt $\vec{a}, \vec{b}, \ldots$ wird auch $\mathfrak{a}, \mathfrak{b}, \ldots$ geschrieben.

Betrag (Länge) $|\vec{a}| = a = |\overrightarrow{P_1P_2}| = |\overrightarrow{P_2P_1}|$ $(a \geqq 0)$

Einheitsvektor in Richtung $\vec{a}$: $\vec{a}^{\circ}$ mit $|\vec{a}^{\circ}| = 1$; es ist $\vec{a} = a\,\vec{a}^{\circ}$,
in Richtung x_1-, x_2-, x_3-Koordinatenachse: $\vec{e}_1, \vec{e}_2, \vec{e}_3$

Nullvektor $\vec{o}$ mit $|\vec{o}| = 0$, $\vec{o}$ hat keine Richtung; es ist $\vec{a} + (-\vec{a}) = \vec{o}$, $\vec{a} + \vec{o} = \vec{a}$

Ortsvektoren $\vec{p} = \overrightarrow{OP}$; $\vec{x} = \overrightarrow{OX}$; $\vec{x}_1 = \overrightarrow{OX_1}$ (O ist der Bezugspunkt.)

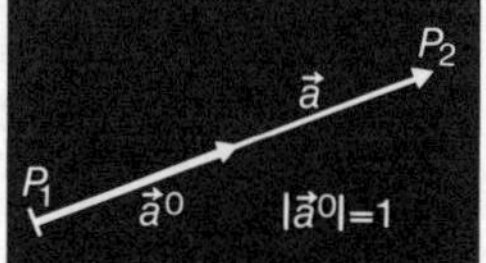

Verknüpfungen

Addition $\vec{a} + \vec{b} = \vec{s}$; $\overrightarrow{P_1P_2} + \overrightarrow{P_2P_3} = \overrightarrow{P_1P_3}$

Subtraktion $\vec{a} - \vec{b} = \vec{a} + (-\vec{b}) = \vec{d}$; $\overrightarrow{P_1P_2} - \overrightarrow{P_1P_3} = \overrightarrow{P_3P_2}$

S-Multiplikation (Skalarmultiplikation) — Skalar mal Vektor
$m\vec{a} = (ma)\,\vec{a}^{\circ}$, $m \in \mathbb{R}$; $|m\vec{a}| = |m|\,|\vec{a}|$

Gesetze $\vec{a} + \vec{b} = \vec{b} + \vec{a}$; $(\vec{a} + \vec{b}) + \vec{c} = \vec{a} + (\vec{b} + \vec{c})$
$m(\vec{a} + \vec{b}) = m\vec{a} + m\vec{b}$; $(m+n)\,\vec{a} = m\vec{a} + n\vec{a}$;
$m(n\vec{a}) = (mn)\,\vec{a} = n(m\vec{a})$; $m, n \in \mathbb{R}$

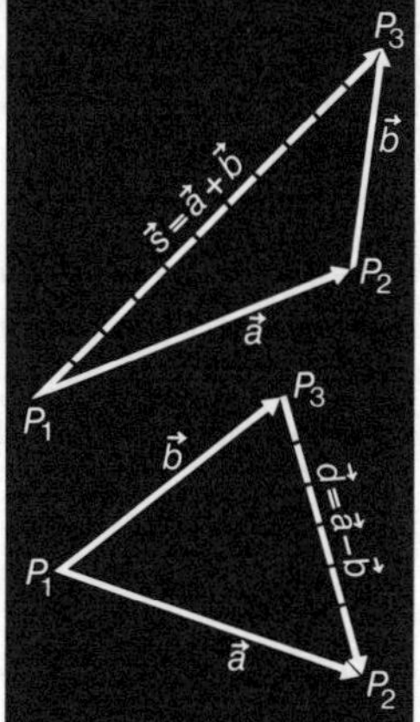

Lineare Abhängigkeit $(k_1, k_2, k_3 \in \mathbb{R}$; $\vec{a}, \vec{b}, \vec{c} \neq \vec{o})$

Kollineare Vektoren $\left.\begin{array}{r} k_1\vec{a} + k_2\vec{b} = \vec{o} \text{ und} \\ \text{nicht beide } k_i = 0 \end{array}\right\} \Leftrightarrow \vec{a}, \vec{b}$ sind linear abhängig.

Komplanare Vektoren $\left.\begin{array}{r} k_1\vec{a} + k_2\vec{b} + k_3\vec{c} = \vec{o} \text{ und} \\ \text{nicht alle drei } k_i = 0 \end{array}\right\} \Leftrightarrow \vec{a}, \vec{b}, \vec{c}$ sind linear abhängig.

Lineare Unabhängigkeit

Vektoren heißen linear unabhängig, wenn sie nicht linear abhängig sind; es gilt:
$(k_1\vec{a} + k_2\vec{b} + k_3\vec{c} = \vec{o}$ und $\vec{a}, \vec{b}, \vec{c}$ sind linear unabh.$) \Longrightarrow (k_1 = k_2 = k_3 = 0)$

Zusammenhang der linearen (Un-)Abhängigkeit mit Determinanten s. S. 26.

Komponenten Wenn $\vec{a}, \vec{b}$ linear unabhängig sind und $\vec{c} = m\vec{a} + n\vec{b}$ mit $m, n \in \mathbb{R}$ ist, dann heißt $m\vec{a}$ die Komponente von $\vec{c}$ in Richtung $\vec{a}$, $n\vec{b}$ die Komponente von $\vec{c}$ in Richtung $\vec{b}$.

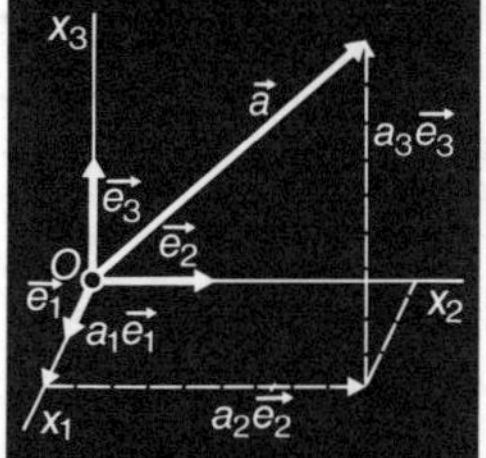

Koordinaten $m, n \in \mathbb{R}$ heißen die *Koordinaten des Vektors* $\vec{c} = m\vec{a} + n\vec{b}$ bzgl. Basis $(\vec{a}, \vec{b})$. Im x_1-, x_2-, x_3-Koordinatensystem mit der Basis $(\vec{e}_1, \vec{e}_2, \vec{e}_3)$ heißen a_1, a_2, a_3 die *Koordinaten des Vektors* $\vec{a} = a_1\vec{e}_1 + a_2\vec{e}_2 + a_3\vec{e}_3$.

Spaltenschreibweise von Vektor $\vec{a} = a_1\vec{e}_1 + a_2\vec{e}_2 + a_3\vec{e}_3$: $\vec{a} = \begin{pmatrix} a_1 \\ a_2 \\ a_3 \end{pmatrix}$

$\begin{pmatrix} \mathbf{a_1} \\ \mathbf{a_2} \\ \mathbf{a_3} \end{pmatrix}$

Skalarprodukt

Definition Der Skalar $c = \vec{a} \cdot \vec{b} = |\vec{a}|\,|\vec{b}| \cos \sphericalangle(\vec{a}, \vec{b})$, $c \in \mathbb{R}$ (*gelesen:* $\vec{a}$ mal $\vec{b}$; der Malpunkt kann weggelassen werden) heißt *Skalarprodukt von* $\vec{a}, \vec{b}$.

$\vec{a}\,\vec{b}$

Sonderfall $(\vec{a}\,\vec{b} = 0) \Leftrightarrow (\vec{a} \perp \vec{b}$ *oder* $\vec{a} = \vec{o}$ *oder* $\vec{b} = \vec{o})$

Skalarprodukt in rechtwinkligen Koordinaten

In rechtwinkligen Koordinaten ist das Skalarprodukt von $\vec{a} = a_1\vec{e}_1 + a_2\vec{e}_2 + a_3\vec{e}_3$, $\vec{b} = b_1\vec{e}_1 + b_2\vec{e}_2 + b_3\vec{e}_3$: $\vec{a}\,\vec{b} = a_1b_1 + a_2b_2 + a_3b_3$;
es ist: $|\vec{a}| = \sqrt{\vec{a}\,\vec{a}} = \sqrt{\vec{a}^2} = \sqrt{a_1^2 + a_2^2 + a_3^2}$

Gesetze $\vec{a}\,\vec{b} = \vec{b}\,\vec{a}$; $\vec{a}(\vec{b} + \vec{c}) = \vec{a}\,\vec{b} + \vec{a}\,\vec{c}$
$m(\vec{a}\,\vec{b}) = (m\vec{a})\,\vec{b} = (m\vec{b})\,\vec{a}$, $m \in \mathbb{R}$
Für alle $\vec{a} \neq \vec{o}$ ist $\vec{a}^2 > 0$ (Das Skalarprodukt ist positiv definit.)

Senkrechte Projektion $\vec{p}$ des Vektors $\vec{b}$ auf Vektor $\vec{a}$: $\vec{p} = \dfrac{\vec{a}\,\vec{b}}{a^2}\,\vec{a}$

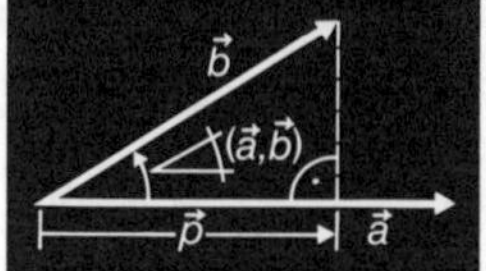

Vektorprodukt, Spatprodukt

$\vec{a} \times \vec{b}$

Definition Der Vektor $\vec{c} = \vec{a} \times \vec{b}$ (*gelesen:* $\vec{a}$ kreuz $\vec{b}$) heißt *Vektorprodukt* oder *Kreuzprodukt von* $\vec{a}, \vec{b}$, wobei $\vec{a}, \vec{b}, \vec{c}$ ein Rechtssystem bilden und $\vec{c} \perp \vec{a},\ \vec{c} \perp \vec{b},\ |\vec{c}| = |\vec{a} \times \vec{b}| = |\vec{a}||\vec{b}| \sin \sphericalangle(\vec{a}, \vec{b})$ ist.

($|\vec{a} \times \vec{b}|$ ist gleich dem Flächeninhalt des von $\vec{a}, \vec{b}$ aufgespannten Parallelogramms.)

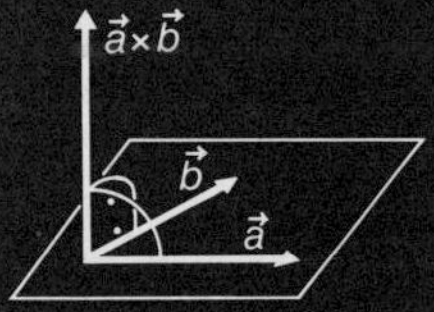

Sonderfälle $(\vec{a} \times \vec{b} = \vec{o}) \Leftrightarrow (\vec{b} = k\vec{a}$ mit $k \in \mathbb{R}^*$ *oder* $\vec{a} = \vec{o}$ *oder* $\vec{b} = \vec{o})$

$|\vec{a} \times \vec{b}| = a\,b$, wenn $\vec{a} \perp \vec{b}\quad (\vec{a}, \vec{b} \neq \vec{o})$

Vektorprodukt in rechtwinkligen Koordinaten

$$\vec{a} \times \vec{b} = \begin{vmatrix} \vec{e}_1 & \vec{e}_2 & \vec{e}_3 \\ a_1 & a_2 & a_3 \\ b_1 & b_2 & b_3 \end{vmatrix} = (a_2 b_3 - a_3 b_2)\,\vec{e}_1 + (a_3 b_1 - a_1 b_3)\,\vec{e}_2 + (a_1 b_2 - a_2 b_1)\,\vec{e}_3$$

Gesetze $\vec{b} \times \vec{a} = -(\vec{a} \times \vec{b});\quad \vec{a} \times (\vec{b} + \vec{c}) = \vec{a} \times \vec{b} + \vec{a} \times \vec{c};$

$(m\vec{a}) \times \vec{b} = \vec{a} \times (m\vec{b}) = m(\vec{a} \times \vec{b})$

$(\vec{a} \times \vec{b}) \times \vec{c} = (\vec{a}\,\vec{c})\,\vec{b} - (\vec{b}\,\vec{c})\,\vec{a}$ (Entwicklungssatz)

Spatprodukt $(\vec{a}, \vec{b}, \vec{c}) = (\vec{a} \times \vec{b})\,\vec{c} = (\vec{b} \times \vec{c})\,\vec{a} = (\vec{c} \times \vec{a})\,\vec{b}$

$(\vec{a}, \vec{b}, \vec{c})$ ist positiv (negativ), wenn $\vec{a}, \vec{b}, \vec{c}$ ein Rechts-(Links-)System bilden.

$|(\vec{a}, \vec{b}, \vec{c})|$ ist gleich dem Volumen des von $\vec{a}, \vec{b}, \vec{c}$ aufgespannten Spats.

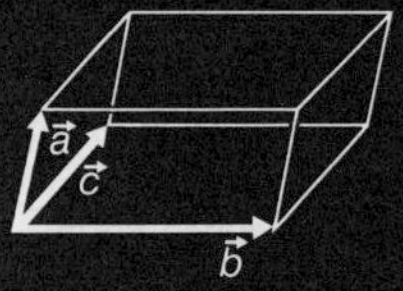

Determinanten

Definition (n-reihige Determinanten werden analog bezeichnet und entwickelt)

$$\begin{vmatrix} a_{11} & a_{12} \\ a_{21} & a_{22} \end{vmatrix} = a_{11}a_{22} - a_{12}a_{21};\qquad \begin{vmatrix} a_{11} & a_{12} & a_{13} \\ a_{21} & a_{22} & a_{23} \\ a_{31} & a_{32} & a_{33} \end{vmatrix} = a_{11}\begin{vmatrix} a_{22} & a_{23} \\ a_{32} & a_{33} \end{vmatrix} - a_{12}\begin{vmatrix} a_{21} & a_{23} \\ a_{31} & a_{33} \end{vmatrix} + a_{13}\begin{vmatrix} a_{21} & a_{22} \\ a_{31} & a_{32} \end{vmatrix}$$

(Entwicklung nach Unterdeterminanten der Elemente der 1. Zeile)

$$\begin{vmatrix} a_{11} & a_{12} \\ a_{21} & a_{22} \end{vmatrix}$$

SARRUSsche Regel (gilt nur für 3reihige Determinanten)

$$\begin{vmatrix} a_{11} & a_{12} & a_{13} \\ a_{21} & a_{22} & a_{23} \\ a_{31} & a_{32} & a_{33} \end{vmatrix} \begin{matrix} a_{11} & a_{12} \\ a_{21} & a_{22} \\ a_{31} & a_{32} \end{matrix} = \begin{matrix} a_{11}a_{22}a_{33} + a_{12}a_{23}a_{31} + a_{13}a_{21}a_{32} \\ -a_{13}a_{22}a_{31} - a_{11}a_{23}a_{32} - a_{12}a_{21}a_{33} \end{matrix}$$

$-\quad -\quad -\quad +\quad +\quad +$

det *A* Schreibweise für die aus den Elementen der quadratischen Matrix $\boldsymbol{A}$ (s. S. 27) gebildeten Determinante; statt det $\boldsymbol{A}$ schreibt man auch $|\boldsymbol{A}|$ oder det (a_{ik}).

det A

Sätze für n-reihige Determinanten

1) Der Wert einer Determinante ändert sich nicht, wenn man
   a) Zeilen (Horizontalreihen) und Spalten (Vertikalreihen) vertauscht,
   b) zu den Elementen einer Reihe das k-fache der entsprechenden Elemente einer parallelen Reihe addiert.
2) Wenn man zwei Parallelreihen miteinander vertauscht, so ändert sich nur das Vorzeichen der Determinante.
3) Sind zwei Parallelreihen gleich oder proportional, dann ist der Wert der Determinante gleich Null.
4) Eine Determinante wird mit einer Zahl $k \in \mathbb{R}$ multipliziert, indem man jedes Element einer Zeile (einer Spalte) mit k multipliziert.
5) Für das Produkt von zwei n-reihigen Determinanten det $\boldsymbol{A}$ und det $\boldsymbol{B}$ gilt: det $\boldsymbol{A} \cdot$ det $\boldsymbol{B}$ = det $\boldsymbol{AB}$ (Matrizenmultiplikation s. S. 27).

Sonderfall: det $\boldsymbol{A} \cdot$ det $\boldsymbol{A}^{-1} = 1$ ($\boldsymbol{A}^{-1}$ ist inverse Matrix zu $\boldsymbol{A}$, s. S. 27)

Analytische Geometrie in Koordinaten und in Vektoren

Ebene Geometrie in Koordinaten im rechtw. x/y-System

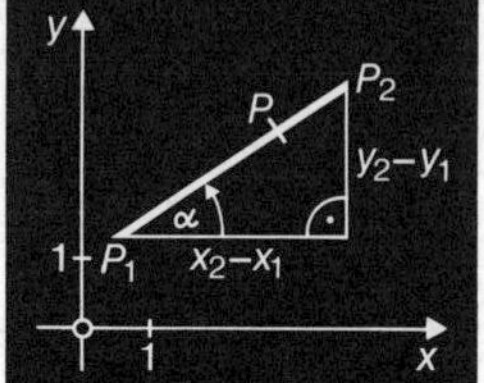

Strecke P_1P_2

Steigung (Anstieg) m: $\quad m = \tan\varphi = \dfrac{y_2-y_1}{x_2-x_1}$

Länge $\overline{P_1P_2}$ von P_1P_2: $\quad \overline{P_1P_2} = \sqrt{(x_2-x_1)^2+(y_2-y_1)^2}$

Mittelpunkt M: $\quad x_M = \dfrac{x_1+x_2}{2};\quad y_M = \dfrac{y_1+y_2}{2}$

Teilpunkt T mit $\overrightarrow{P_1T} = \lambda\,\overrightarrow{TP_2}$: $\quad x_T = \dfrac{x_1+\lambda x_2}{1+\lambda};\quad y_T = \dfrac{y_1+\lambda y_2}{1+\lambda} \qquad (\lambda \neq -1)$

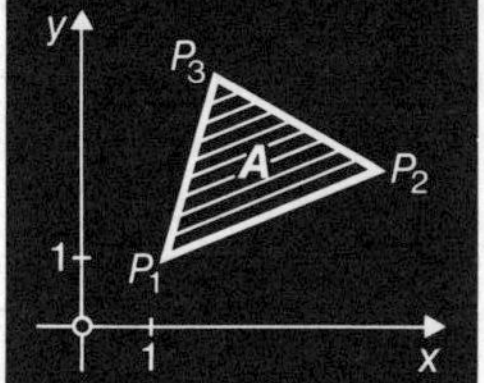

Dreieck $P_1P_2P_3$

Flächeninhalt: (orientierter) $\quad A = \dfrac{1}{2}\cdot\begin{vmatrix} x_1 & y_1 & 1 \\ x_2 & y_2 & 1 \\ x_3 & y_3 & 1 \end{vmatrix} = \dfrac{1}{2}\,[x_1(y_2-y_3)+x_2(y_3-y_1)+x_3(y_1-y_2)]$

$A = \dfrac{1}{2}(x_1y_2-x_2y_1)$, wenn P_3 der Ursprung ist. (Sonderfall)

Schwerpunkt S: $\quad x_S = \dfrac{1}{3}(x_1+x_2+x_3);\quad y_S = \dfrac{1}{3}(y_1+y_2+y_3)$

Gerade g

Zwei-Punkte-Form: $\quad y-y_1 = \dfrac{y_2-y_1}{x_2-x_1}(x-x_1)$

Punkt-Steigungs-Form: $\quad y-y_1 = m(x-x_1);\quad y = m(x-a)$

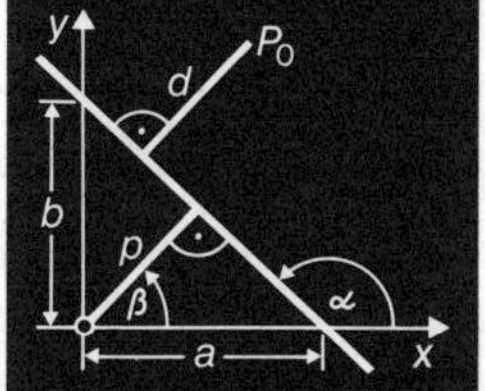

Hauptform: $\quad y = mx+b \qquad$ (b: Abschnitt auf der y-Achse)

Achsenabschnitts-Form: $\quad \dfrac{x}{a}+\dfrac{y}{b} = 1; \qquad$ (Achsenschnittpunkte: $A(a/0)$, $B(0/b)$)

Allgemeine Gleichung: $\quad L(x,y) \equiv Ax+By+C = 0$

HESSEsche Normalform: $\quad l(x,y) \equiv x\cos\beta+y\sin\beta-p = \dfrac{Ax+By+C}{\pm\sqrt{A^2+B^2}} = 0, \quad \begin{cases} + \text{ für } C<0 \\ - \text{ für } C>0 \end{cases}$

Abstand d des Punktes $P_0(x_0|y_0)$ von g mit der Gl. $Ax+By+C=0$: $\quad d = |l(x_0,y_0)| = \left|\dfrac{Ax_0+By_0+C}{\sqrt{A^2+B^2}}\right|$

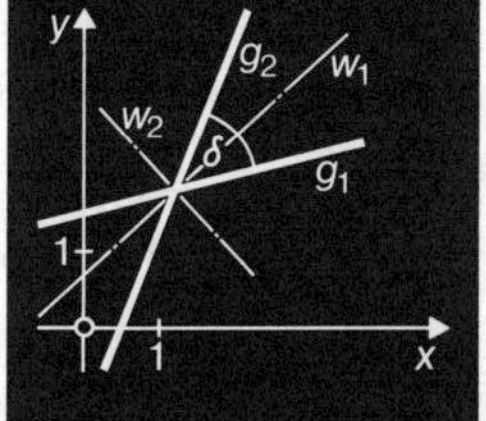

Zwei Geraden g_1, g_2

Schnittwinkel δ: $\quad \tan\delta = \dfrac{m_2-m_1}{1+m_1m_2};\quad g_1 \perp g_2: m_2 = -\dfrac{1}{m_1} \quad (m_1 \neq 0)$

Winkelhalbierende: $\quad w_1(x,y) \equiv l_1-l_2 = 0;\quad w_2(x,y) \equiv l_1+l_2 = 0$

Geradenbüschel: $\quad L(x,y) \equiv L_1(x,y)+k\,L_2(x,y) = 0 \wedge L_2(x,y) = 0 \quad (k \in \mathbb{R})$

Transformationen des Koordinaten-Systems (geometrisches Gebilde fest)

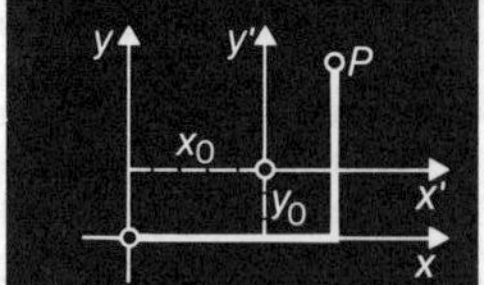

Parallelverschiebung $\quad \begin{cases} x' = x-x_0 \\ y' = y-y_0 \end{cases} \qquad \begin{cases} x = x'+x_0 \\ y = y'+y_0 \end{cases}$

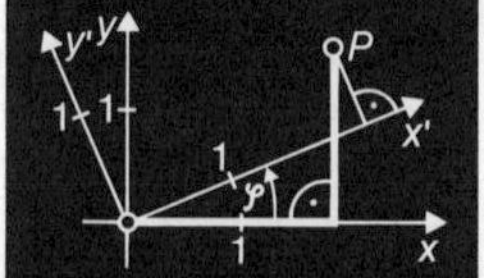

Drehung um Ursprung $\quad \begin{cases} x' = x\cos\varphi + y\sin\varphi \\ y' = -x\sin\varphi + y\cos\varphi \end{cases} \qquad \begin{cases} x = x'\cos\varphi - y'\sin\varphi \\ y = x'\sin\varphi + y'\cos\varphi \end{cases}$

Kreis in Koordinaten im rechtw. x/y-System

	Mittelpunkt O (0/0)	**Mittelpunkt M (m_1/m_2)**
Gleichung (Radius r)	$x^2+y^2 = r^2$	$(x-m_1)^2+(y-m_2)^2 = r^2$
Tangente in B (b_1/b_2) (Polare)	$xb_1+yb_2 = r^2$	$(x-m_1)(b_1-m_1)+(y-m_2)(b_2-m_2) = r^2$
Tangenten-bedingung	$y = mx+c$ ist genau dann Tangente, wenn gilt: $c^2 = m^2r^2+r^2$	$Ax+By+C = 0$ ist genau dann Tangente, wenn gilt: $(A^2+B^2)r^2-(Am_1+Bm_2+C)^2 = 0$

Geometrie im Raum in Vektoren bezogen auf rechtw. $x_1/x_2/x_3$-System

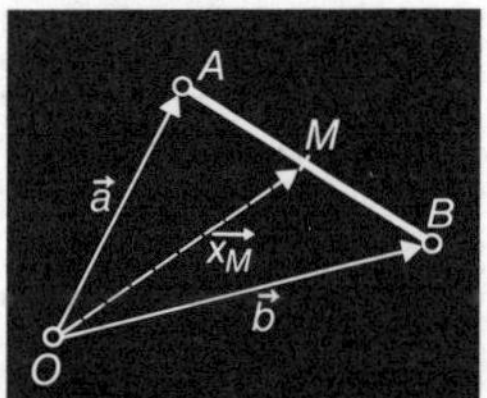

Punkt *P* mit Ortsvektor $\overrightarrow{OP} = \vec{p} = \begin{pmatrix} p_1 \\ p_2 \\ p_3 \end{pmatrix}$ (Spaltenschreibweise); in Koord. $P(p_1/p_2/p_3)$

Strecke *AB* *Länge:* $\overline{AB} = |\overrightarrow{AB}| = |\vec{b} - \vec{a}| = \sqrt{(b_1 - a_1)^2 + (b_2 - a_2)^2 + (b_3 - a_3)^2}$

Mittelpunkt M: $\vec{x}_M = \frac{1}{2}(\vec{a} + \vec{b}) = \frac{1}{2}\begin{pmatrix} a_1 + b_1 \\ a_2 + b_2 \\ a_3 + b_3 \end{pmatrix}$; *Teilpunkt T:* $\vec{x}_T = \frac{\vec{a} + \lambda\vec{b}}{1 + \lambda}$ mit $\overrightarrow{AT} = \lambda\overrightarrow{TB}$ (Teilverhältnis $\lambda \in \mathbb{R}, \lambda \neq -1$)

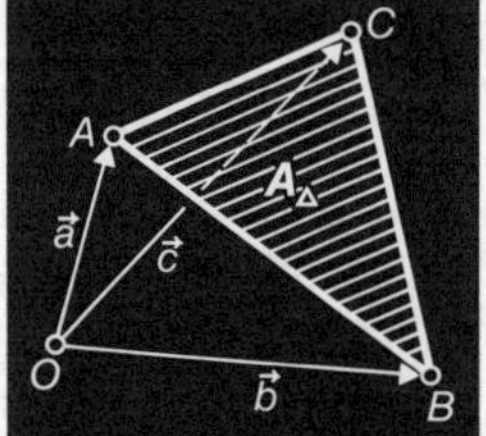

Dreieck *ABC* *Flächeninhalt:* $A_\Delta = \frac{1}{2}\left|(\vec{b} - \vec{a}) \times (\vec{c} - \vec{a})\right|$

Schwerpunkt S: $\vec{x}_S = \frac{1}{3}(\vec{a} + \vec{b} + \vec{c})$

Winkel φ zwischen $\overrightarrow{PA} = \vec{a}$ und $\overrightarrow{PB} = \vec{b}$: $\cos\varphi = \frac{\vec{a}\,\vec{b}}{a\,b}$; $0 \leqq \varphi \leqq \pi$

Gerade *g* im $\mathbb{R}^3$ und $\mathbb{R}^2$ (Parameter $t, t', \lambda \in \mathbb{R}$); g hat keine Koordinatengleichg. im $\mathbb{R}^3$.

$\mathbb{R}^3, \mathbb{R}^2$: $\vec{x} = \vec{p} + t\,\vec{a}$ **Punktrichtungsform** ($P \in g$; $\vec{a} \neq \vec{o}$: Richtungsvektor von g)

$\mathbb{R}^3$: $\vec{x} = \begin{pmatrix} p_1 \\ p_2 \\ p_3 \end{pmatrix} + t\begin{pmatrix} a_1 \\ a_2 \\ a_3 \end{pmatrix}$ *Punktprobe* für Q ($\vec{q}$ statt $\vec{x}$): Q liegt auf g, wenn sich t so bestimmen läßt, daß die drei Gleichungen $q_i = p_i + t\,a_i$, $i = 1, 2, 3$ erfüllt sind.

$\mathbb{R}^2$: $\vec{x} = \begin{pmatrix} p_1 \\ p_2 \end{pmatrix} + t\begin{pmatrix} a_1 \\ a_2 \end{pmatrix}$ Die Koordinatengleichung $Ax_1 + Bx_2 + C = 0$ von g ergibt sich durch Eliminieren von t aus $x_i = p_i + t\,a_i$ ($i = 1, 2$).

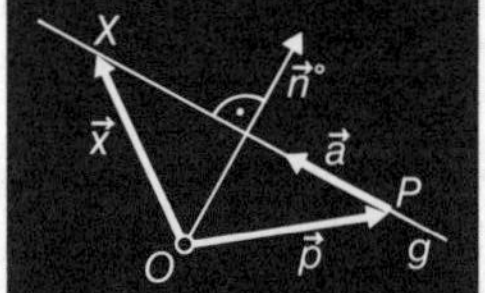

$\mathbb{R}^3, \mathbb{R}^2$: $\vec{x} = \vec{p} + t(\vec{q} - \vec{p})$ **Zweipunkteform** ($P, Q, \in g$; $P \neq Q$; Richtungsvektor $\vec{q} - \vec{p}$)

$\mathbb{R}^2$: $\vec{n}(\vec{x} - \vec{p}) = 0$ **Normalenform** ($P \in g$; $\vec{n} \perp g$)

$\vec{n}^\circ(\vec{x} - \vec{p}) = 0$ **HESSEsche Normalform** ($P \in g$; $\vec{n}^\circ \perp g, |\vec{n}^\circ| = 1$; vgl. S. 20)

Zwei Geraden *g, h* im $\mathbb{R}^3$ und $\mathbb{R}^2$ g: $\vec{x} = \vec{p} + t\vec{a}$, h: $\vec{x} = \vec{q} + t'\vec{b}$ ($t, t' \in \mathbb{R}$)

Schnittpunkt *von g und h,* $g \cap h = \{S\}$

$\mathbb{R}^3$: $\{S(x_1/x_2/x_3)\}$ S existiere; dann kann man t_S und t'_S ($\vec{x}_S = \vec{p} + t_S\vec{a}$ und $\vec{x}_S = \vec{q} + t'_S\vec{b}$) aus $p_i + t_S\,a_i = q_i + t'_S\,b_i$ ($i = 1, 2, 3$) berechnen.

$\{S\} = \{\ \}$ *1. Fall:* $g \| h$ und $g \neq h$, also dann, wenn $\vec{b} = \lambda\vec{a}$ und $\vec{a}, \vec{q} - \vec{p}$ linear unabhängig sind.

2. Fall: g, h windschief, also wenn $\vec{a}, \vec{b}, \vec{q} - \vec{p}$ linear unabhängig sind ($\Longleftrightarrow$ wenn $(\vec{q} - \vec{p})(\vec{a} \times \vec{b}) \neq 0$ ist).

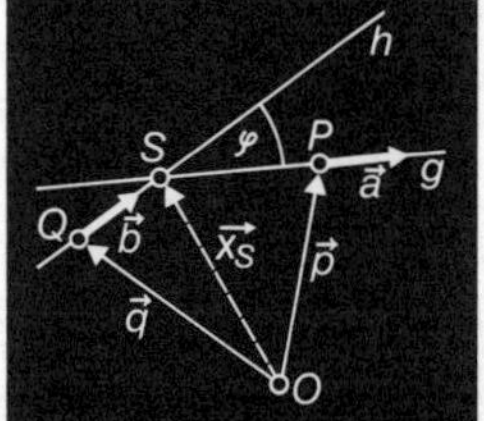

$\mathbb{R}^2$: $\{S(x_1/x_2)\}$ S existiere; x_1, x_2 aus $A_1x_1 + B_1x_2 + C_1 = 0$, $A_2x_1 + B_2x_2 + C_2 = 0$

$\{S\} = \{\ \}$ $g \| h$ und $g \neq h$, also wenn $A_2 = \lambda A_1$, $B_2 = \lambda B_1$, $C_2 \neq \lambda C_1$ ist.

Winkel *zwischen g und h,* $g \cap h = \{S\} \neq \{\ \}$; $g \neq h$; $\sphericalangle(\vec{g}, \vec{h}) = \varphi$

$\mathbb{R}^3, \mathbb{R}^2$: $\cos\varphi = \left|\frac{\vec{a}\,\vec{b}}{a\,b}\right|$, $0 < \varphi \leqq \frac{\pi}{2}$; $\vec{a}, \vec{b}$: Richtungsvektoren von g, h

Winkelhalbierende *Geraden von g und h,* $g \cap h = \{S\} \neq \{\ \}$; $g \neq h$

$\mathbb{R}^3, \mathbb{R}^2$: $\vec{x} = \vec{x}_S + t(\vec{a}^\circ \pm \vec{b}^\circ)$ $\vec{a}, \vec{b}$: Richtungsvektoren von g, h

$\mathbb{R}^2$: $\vec{m}^\circ(\vec{x} - \vec{x}_S) = \pm\vec{n}^\circ(\vec{x} - \vec{x}_S)$ $\vec{m}, \vec{n}$: Normalenvektoren von g, h; $\vec{m}^\circ \neq \vec{n}^\circ$

Kreis in Vektoren bezogen auf rechtw. x_1/x_2-Koordinatensystem

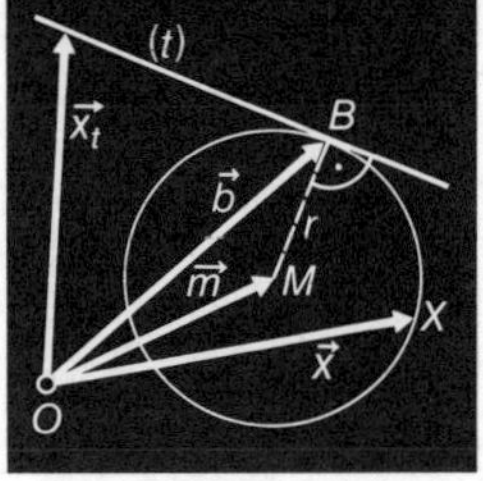

	Mittelpunkt *O* (0/0)	**Mittelpunkt *M* ($\overrightarrow{OM} = \vec{m}$)**
Gleichung (Radius r)	$\vec{x}^2 = r^2$	$(\vec{x} - \vec{m})^2 = r^2$
Tangente in B ($\overrightarrow{OB} = \vec{b}$) (Polare)	$\vec{x}\,\vec{b} = r^2$	$(\vec{x} - \vec{m})(\vec{b} - \vec{m}) = r^2$
Tangentenbedingung	$\vec{x} = \vec{p} + t\vec{a}$ ist genau dann Tangente, wenn gilt: $(\vec{p}\,\vec{a})^2 - \vec{a}^2(\vec{p}^2 - \vec{r}^2) = 0$	$((\vec{p} - \vec{m})\,\vec{a})^2 - \vec{a}^2((\vec{p} - \vec{m})^2 - r^2) = 0$

Abstände bezogen auf rechtwinkliges $x_1/x_2/x_3$-Koordinatensystem

Abstand Punkt-Gerade Punkt: P; Gerade g: $\vec{x} = \vec{q} + t\vec{a}$

$\mathbb{R}^3, \mathbb{R}^2$: $d = |\overrightarrow{PF}| = |\vec{q} - \vec{p} + t_F\vec{a}|$ F: Lotfußpunkt von P auf g ($F \in g$, $\overrightarrow{PF} \perp g$)

mit Parameterwert $t_F = \dfrac{(\vec{p} - \vec{q})\vec{a}}{a^2}$

$\mathbb{R}^2$: $d = |\vec{n}^\circ(\vec{q} - \vec{p})|$; für g in HESSEscher Normalform (vgl. S. 21).

Abstand Punkt-Ebene Punkt P; Ebene E: $\vec{n}^\circ(\vec{x} - \vec{q}) = 0$

$\mathbb{R}^3$: $d = |\vec{n}^\circ(\vec{q} - \vec{p})| = \left|\dfrac{Ap_1 + Bp_2 + Cp_3 + D}{\sqrt{A^2 + B^2 + C^2}}\right|$; E in Koordinaten: $Ax_1 + Bx_2 + Cx_3 + D = 0$

Abstand der windschiefen Geraden *g, h* g: $\vec{x} = \vec{p} + t\vec{a}$, h: $\vec{x} = \vec{q} + t'\vec{b}$

$\mathbb{R}^3$: $d = |\overrightarrow{GH}|$ mit den Fußpunkten $G \in g$, $H \in h$ des gemeinsamen Lotes $g, h \perp \overrightarrow{GH}$

(Parameterwerte t_G, t'_H aus $(\vec{p} - \vec{q} + t_G\vec{a} - t'_H\vec{b})\,\vec{a} = 0$ und $(\vec{p} - \vec{q} + t_G\vec{a} - t'_H\vec{b})\,\vec{b} = 0$)

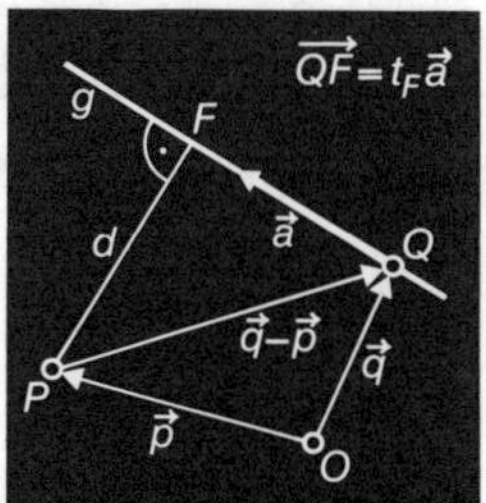

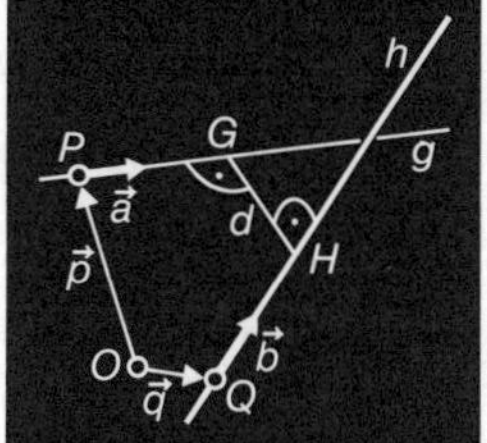

Ebene in Vektoren und in Koord. im rechtw. $x_1/x_2/x_3$-System ($r, s, t, t', \lambda, \mu \in \mathbb{R}$)

Ebene E — **in Vektoren,** *bestimmt durch:*

$\vec{x} = \vec{p} + \lambda\vec{u} + \mu\vec{v}$	Punkt P und 2 lin. unabh. Richtungsvektoren $\vec{u}, \vec{v}$ ($\vec{u}, \vec{v} \parallel E$) *oder* Punkt P und 2 Geraden g: $\vec{x} = \vec{p} + r\vec{u}$, h: $\vec{x} = \vec{p} + s\vec{v}$ ($g, h \subset E$)
$\vec{x} = \vec{p} + \lambda(\vec{q} - \vec{p}) + \mu\vec{u}$	Punkt P und Gerade g: $\vec{x} = \vec{q} + r\vec{u}$ ($P \notin g$) *oder* 2 parallele Geraden g: $\vec{x} = \vec{p} + r\vec{u}$, h: $\vec{x} = \vec{q} + s\vec{u}$; $\vec{q} \neq \vec{p}$
$\vec{x} = \vec{a} + \lambda(\vec{b} - \vec{a}) + \mu(\vec{c} - \vec{a})$	drei nicht auf einer Geraden liegende Punkte A, B, C
$\vec{n}(\vec{x} - \vec{p}) = 0$	Punkt P und Normalenvektor $\vec{n} \perp E$ *(Normalenform)*
$\vec{n}^\circ(\vec{x} - \vec{p}) = 0$	Punkt P und $\vec{n}^\circ \perp E$ mit $\lvert\vec{n}^\circ\rvert = 1$ (HESSE*sche Normalform)*

in Koordinaten:

$Ax_1 + Bx_2 + Cx_3 + D = 0$	mit $A^2 + B^2 + C^2 \neq 0$	*(Allgemeine Form)*
$\dfrac{Ax_1 + Bx_2 + Cx_3 + D}{\pm\sqrt{A^2 + B^2 + C^2}} = 0$	mit $+$, wenn $D \leqq 0$, mit $-$, wenn $D > 0$	(HESSE*sche Normalform)*

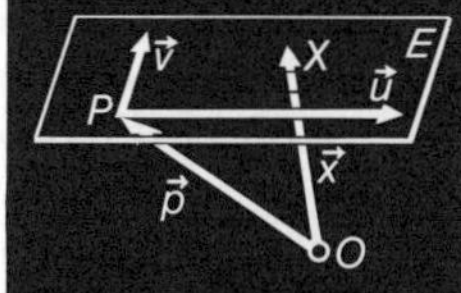

Zwei Ebenen E_1, E_2

E_1: $\vec{x} = \vec{p} + r\vec{a} + s\vec{b}$; $E_2 = \vec{q} + r'\vec{u} + s'\vec{v}$ bzw. E_1: $\vec{m}(\vec{x} - \vec{p}) = 0$; E_2: $\vec{n}(\vec{x} - \vec{q}) = 0$

$E_1 \parallel E_2 \iff \vec{a}, \vec{b}, \vec{u}$ *und* $\vec{a}, \vec{b}, \vec{v}$ lin. abhängig, jedoch $\vec{a}, \vec{b}, \vec{q} - \vec{p}$ lin. unabhängig

$E_1 = E_2 \iff \vec{a}, \vec{b}, \vec{u}$ *und* $\vec{a}, \vec{b}, \vec{v}$ *und* $\vec{a}, \vec{b}, \vec{q} - \vec{p}$ sind linear abhängig.

Winkel *zwischen* E_1 *und* E_2; $E_1 \cap E_2 = g \neq \{\ \}$; $E_1 \neq E_2$; $\sphericalangle(E_1, E_2) = \varphi$

$\cos\varphi = \dfrac{|\vec{m}\,\vec{n}|}{m\,n} = |\vec{m}^\circ\vec{n}^\circ|$ mit $0 < \varphi \leqq \dfrac{\pi}{2}$, $\vec{m} \perp E_1$ und $\vec{n} \perp E_2$

Winkelhalbierende *Ebenen von* E_1, E_2; $E_1 \cap E_2 = g \neq \{\ \}$; $E_1 \neq E_2$; $G \in g$ ist *beliebiger* Punkt von g: $\vec{m}^\circ(\vec{x} - \vec{x}_G) = \pm\vec{n}^\circ(\vec{x} - \vec{x}_G)$ mit $\vec{m}^\circ \neq \vec{n}^\circ$

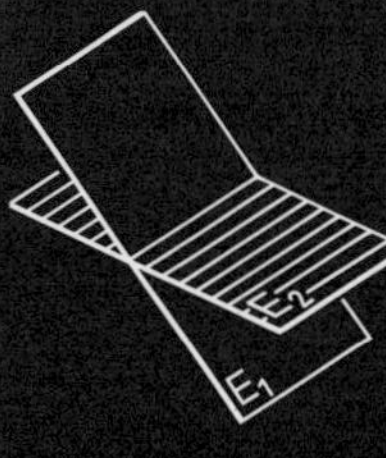

Winkel zwischen Gerade *g* und Ebene *E*; $g \cap E = \{S\} \neq \{\ \}$; $g \not\subset E$; $\sphericalangle(g, E) = \varphi$

$\sin\varphi = \dfrac{|\vec{a}\,\vec{n}|}{a\,n} = |\vec{a}^\circ\vec{n}^\circ|$ mit $0 < \varphi \leqq \dfrac{\pi}{2}$; $\vec{a}$: Richtungsvektor von g; $\vec{n}$: Normalenvektor von E

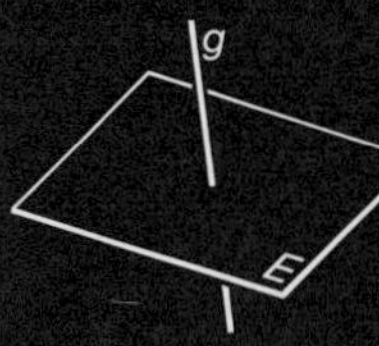

Kugel in Vektoren und in Koordinaten bez. auf rechtw. $x_1/x_2/x_3$-Koord.-System

In Vektoren	**Mittelpunkt *O***	**Mittelpunkt *M*** ($\overrightarrow{OM} = \vec{m}$)
Gleichung (Radius r)	$\vec{x}^2 = r^2$	$(\vec{x} - \vec{m})^2 = r^2$
Tangentialebene in B ($\overrightarrow{OB} = \vec{b}$) (Polarebene)	$\vec{x}\,\vec{b} = r^2$	$(\vec{x} - \vec{m})(\vec{b} - \vec{m}) = r^2$

In Koordinaten	**Mittelpunkt *O* (0/0/0)**	**Mittelpunkt *M* ($m_1/m_2/m_3$)**
Gleichung (Radius r)	$x_1^2 + x_2^2 + x_3^2 = r^2$	$(x_1 - m_1)^2 + (x_2 - m_2)^2 + (x_3 - m_3)^2 = r^2$
Tangentialebene in B ($b_1/b_2/b_3$) (Polarebene)	$x_1b_1 + x_2b_2 + x_3b_3 = r^2$	$(x_1 - m_1)(b_1 - m_1) + (x_2 - m_2)(b_2 - m_2) + (x_3 - m_3)(b_3 - m_3) = r^2$

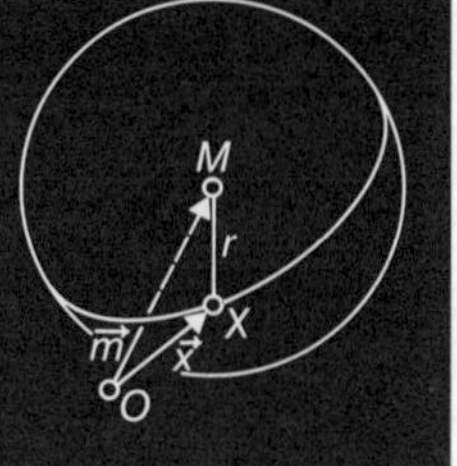

Kegelschnitte im rechtwinkligen x/y-Koordinatensystem

I. Achsen auf den Koordinatenachsen

	Ellipse mit M (0/0)		**Hyperbel mit M (0/0)**	
Mittelpunktsgleichung	$\frac{x^2}{a^2} + \frac{y^2}{b^2} = 1$		$\frac{x^2}{a^2} - \frac{y^2}{b^2} = 1$	
Tangente in P_1 (Polare)	$\frac{x x_1}{a^2} + \frac{y y_1}{b^2} = 1$		$\frac{x x_1}{a^2} - \frac{y y_1}{b^2} = 1$	
Tangentenbedingung für $y = mx+c$	$c^2 = a^2 m^2 + b^2$		$c^2 = a^2 m^2 - b^2$	
Konjugierte Richtungen	$m_1 \cdot m_2 = -\frac{b^2}{a^2}$		$m_1 \cdot m_2 = \frac{b^2}{a^2}$	
Brennstrahlen	$\overline{F_1P_1} = a - \varepsilon x_1$ $\overline{F_2P_1} = a + \varepsilon x_1$		$\overline{F_1P_1} = \varepsilon x_1 - a$ $\overline{F_2P_1} = \varepsilon x_1 + a$	
Leitgeraden	$x = \pm \frac{a^2}{e}$	$\left(\frac{a^2}{e} > a\right)$	$x = \pm \frac{a^2}{e}$	$\left(\frac{a^2}{e} < a\right)$
Scheitelkrümmungs-halbmesser	$r_a = \frac{b^2}{a}$; $r_b = \frac{a^2}{b}$		$r = \frac{b^2}{a} = p$	
Parameter	$p = \frac{b^2}{a}$	$(a \geqq b)$	$p = \frac{b^2}{a}$	
Lineare Exzentrizität	$e = \sqrt{a^2 - b^2}$	$(a \geqq b)$	$e = \sqrt{a^2 + b^2}$	
Numerische Exzentrizität	$\varepsilon = \frac{e}{a} < 1$	$(a \geqq b)$	$\varepsilon = \frac{e}{a} > 1$	
Flächeninhalt	$A = \pi a b$		–	
Asymtotengleichungen	–		$y = \pm \frac{b}{a} x$	

Parabel mit Scheitel S (0/0) und Parameter $p > 0$, Achse auf x-Achse

Scheitelgleichung	$y^2 = 2px$; $F\left(\frac{p}{2}\middle/0\right)$ (Parabel ist nach „rechts" geöffnet.)
Tangente in P_1 (Polare)	$yy_1 = p(x + x_1)$
Tangentenbedingung	$(p = 2cm) \Longleftrightarrow$ (Die Gerade mit Gl. $y = mx + c$ ist Tangente.)
Konjugierte Elemente	Sehnen mit Steigung m *konjugiert* zu Durchmesser $y = \frac{p}{m}$
Abstände	Brennpunkt-Leitgerade: p Brennpunkt-Scheiteltangente: $\frac{p}{2}$

Scheitelkrümmungskreis: Radius $r = p$; *Flächeninhalt des Parabelabschnitts:* $A = \frac{2}{3} sh$

II. Achsen parallel zu den Koordinatenachsen

Ellipse und Hyperbel mit M (x_0/y_0) (+ Zeichen: Ellipse; – Zeichen: Hyperbel)

Kurvengleichung	$\frac{(x-x_0)^2}{a^2} \pm \frac{(y-y_0)^2}{b^2} = 1$
Tangente in P_1 (Polare)	$\frac{(x-x_0)(x_1-x_0)}{a^2} \pm \frac{(y-y_0)(y_1-y_0)}{b^2} = 1$
Tangentenbedingung	$Ax + By + C = 0$ ist genau dann Tangente, wenn $(Aa)^2 \pm (Bb)^2 - (Ax_0 + By_0 + C)^2 = 0$ ist.

Parabel mit Scheitel S (x_0/y_0) und Parameter $p > 0$, Achse $\|$ x-Achse

Parabelgleichung	$(y-y_0)^2 = \pm 2p(x-x_0)$
Tangente in P_1 (Polare)	$(y-y_0)(y_1-y_0) = \pm p(x + x_1 - 2x_0)$
Tangentenbedingung	$Ax + By + C = 0$ ist genau dann Tangente, wenn $\pm B^2 p - 2A(Ax_0 + By_0 + C) = 0$ ist.

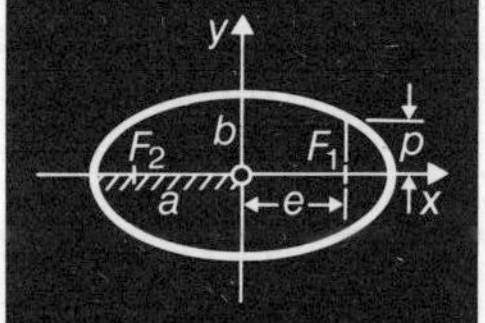

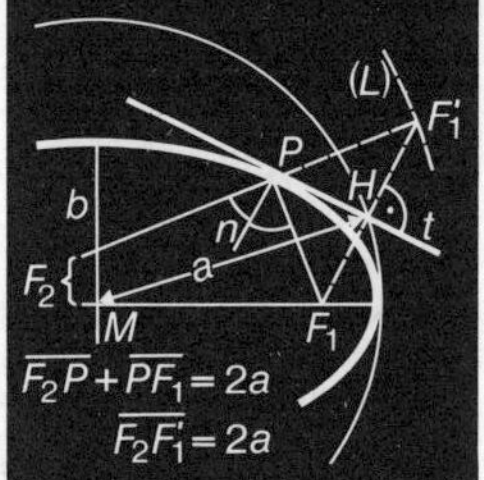

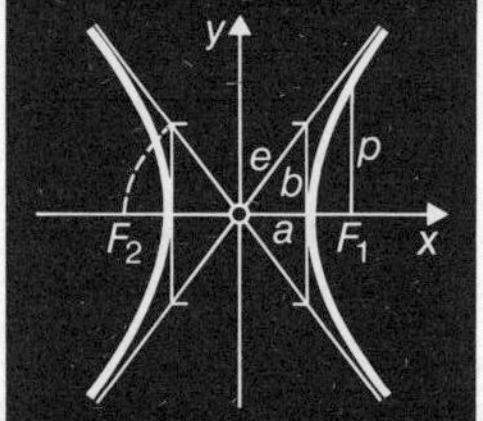

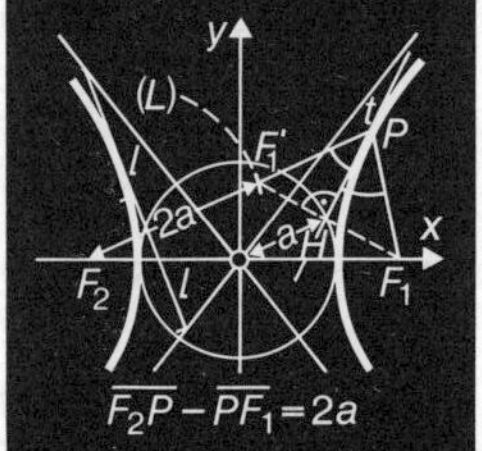

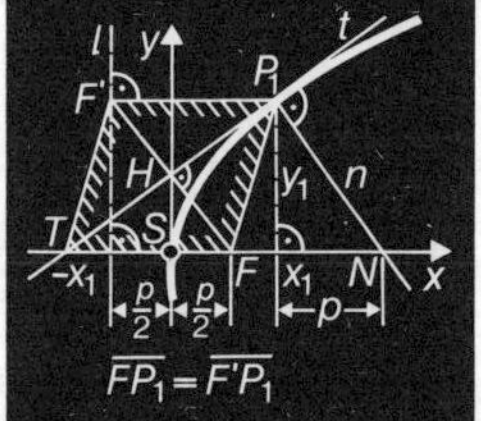

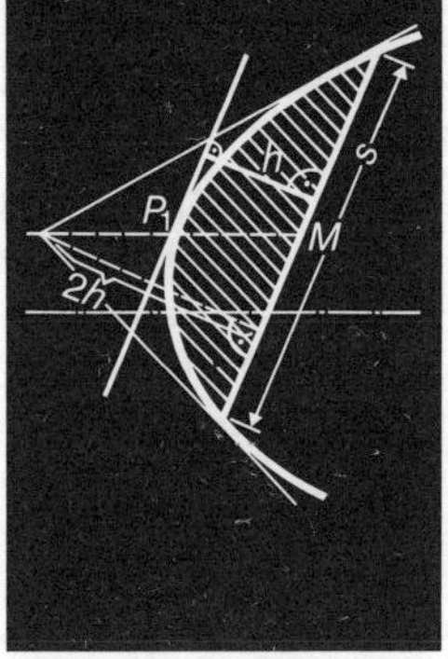

Lineare Algebra im *n*-dimensionalen Raum

Vektorraum $(V; \oplus)$ über $(S; +, \cdot)$

Definition

$(V; \oplus)$

Eine Menge V heißt **Vektorraum** über dem Körper $(S; +, \cdot)$, wenn für alle $\vec{a}, \vec{b} \in V$ und alle $\lambda, \mu \in S$ zwei Verknüpfungen definiert sind:

1) **Vektoraddition** $\oplus$: $(\vec{a}, \vec{b}) \mapsto (\vec{a} \oplus \vec{b}) \in V$ $(V \times V \to V)$, wobei $(V;\oplus)$ eine kommutative Gruppe ist.

$\vec{a} \oplus \vec{b}$

2) **S-Multiplikation** $\odot$: $(\lambda, \vec{a}) \mapsto (\lambda \odot \vec{a}) \in V$ $(S \times V \to V)$, für die gilt:

$\lambda \odot \vec{a}$

Assoziativgesetz	$\lambda \odot (\mu \odot \vec{a}) = (\lambda \cdot \mu) \odot \vec{a}$
Distributivgesetz I	$(\lambda + \mu) \odot \vec{a} = (\lambda \odot \vec{a}) \oplus (\mu \odot \vec{a})$
Distributivgesetz II	$\lambda \odot (\vec{a} \oplus \vec{b}) = (\lambda \odot \vec{a}) \oplus (\lambda \odot \vec{b})$

S-Multiplikation des neutralen Elements $1 \in S$ $\quad 1 \odot \vec{a} = \vec{a}$

Anm.: 1) Statt $\vec{a} \oplus \vec{b}$ schreibt man auch $\vec{a} + \vec{b}$, statt $\lambda \odot \vec{a}$ schreibt man auch $\lambda \vec{a}$.

2) Der Nullvektor $\vec{o}$ ist das neutrale Element von $(V; +)$, 1 das von $(S; \cdot)$.

3) $(\lambda \vec{a} = \vec{o}) \Leftrightarrow (\lambda = 0$ *oder* $\vec{a} = \vec{o})$.

Reeller Vektorraum

heißt ein Vektorraum, wenn $(S; +, \cdot)$ der Körper $(\mathbb{R}; +, \cdot)$ der reellen Zahlen ist.

$(\mathbb{R}; +, \cdot)$

Untervektorraum

Eine Teilmenge $U \subset V$ heißt Untervektorraum (Unterraum, Teilraum) von V, wenn U ein Vektorraum mit den Verknüpfungen $\oplus$, $\odot$ ist.

$U \subset V$

Kriterium für Untervektorraum

Eine nichtleere Teilmenge U eines Vektorraums über S bzw. $\mathbb{R}$ ist *genau dann* ein Untervektorraum von V, wenn gilt:

$$\left.\begin{array}{l} \vec{a} \in U \wedge \vec{b} \in U \Rightarrow (\vec{a} \oplus \vec{b}) \in U \\ (\vec{a} \in U \wedge \lambda \in S) \Rightarrow \lambda \odot \vec{a} \in U \end{array}\right\} \Leftrightarrow \left\{\begin{array}{l} \vec{a} \in U \wedge \vec{b} \in U \wedge \lambda, \mu, \in S \Rightarrow \\ (\lambda \odot \vec{a} \oplus \mu \odot \vec{b}) \in U \end{array}\right.$$

Linearkombination der Vektoren $\vec{a}_1, \vec{a}_2, \ldots, \vec{a}_n \in V$

$\vec{x} = x_1 \vec{a}_1 + x_2 \vec{a}_2 + \cdots + x_n \vec{a}_n$ (Koeffizienten $x_i \in S$ bzw. $\mathbb{R}$)

$\vec{x} = \sum_{i=1}^{n} x_i \vec{a}_i$

Linear abhängige (unabhängige) Vektoren (vgl. S. 18, 26)

Die Vektoren $\vec{a}_1, \ldots, \vec{a}_n$ heißen *linear abhängig*, wenn sich der Nullvektor $\vec{o}$ als nichttriviale Linearkombination von $\vec{a}_1, \ldots, \vec{a}_n$ darstellen läßt, d. h. wenn

$x_1 \vec{a}_1 + \ldots + x_n \vec{a}_n = \vec{o}$ ist und nicht alle $x_i = 0$ sind.

$\sum_{i=1}^{n} x_i \vec{a}_i = \vec{o}$

Gibt es keine solche Darstellung, so heißen die Vektoren $\vec{a}_1, \ldots, \vec{a}_n$ *linear unabhängig*; dann gilt: $(x_1 \vec{a}_1 + \ldots + x_n \vec{a}_n = \vec{o}) \Rightarrow$ (alle $x_i = 0$)

Lineare Hülle $[\vec{a}_1, \ldots, \vec{a}_k]$ von $\vec{a}_1, \ldots, \vec{a}_k$

ist die Menge M aller Linearkombinationen von $\vec{a}_1, \ldots, \vec{a}_k$ $(k \leqq n; M \subset V)$.

$[\vec{a}_1, \ldots, \vec{a}_k]$

Erzeugendensystem von *V*

Die Vektoren $\vec{a}_1, \ldots, \vec{a}_n$ bilden ein Erzeugendensystem von V, wenn sich alle $\vec{x} \in V$ als Linearkombinationen von $\vec{a}_1, \ldots, \vec{a}_n$ darstellen lassen.

Schreibweise: $V = [\vec{a}_1, \ldots, \vec{a}_n]$; *man sagt:* V wird von $\vec{a}_1, \ldots, \vec{a}_n$ aufgespannt.

Basis $(\vec{a}_1, \ldots, \vec{a}_n)$ von V

Das (geordnete) n-Tupel $(\vec{a}_1, \ldots, \vec{a}_n)$ heißt eine Basis von V, wenn gilt:

$(\vec{a}_1, \ldots, \vec{a}_n)$

1) Die Vektoren $\vec{a}_1, \ldots, \vec{a}_n$ bilden ein Erzeugendensystem von V.
2) Die Vektoren $\vec{a}_1, \ldots, \vec{a}_n$ sind linear unabhängig.

Alle Basen eines Vektorraums V enthalten gleich viele Basisvektoren.

Dimension

Die Anzahl n der Vektoren einer Basis von V heißt Dimension von V.

Schreibweise: $\dim V = n$

$\dim V$

Koordinaten, Sonderfälle von Vektorräumen

$\mathbb{R}^n$

Koordinaten, Koordinatenraum $\mathbb{R}^n$

In einem Vektorraum V mit $\dim V = n$ und Basis $(\vec{a}_1, \ldots, \vec{a}_n)$ läßt sich jeder Vektor $\vec{x} \in V$ als $\vec{x} = x_1\vec{a}_1 + \ldots + x_n\vec{a}_n$ darstellen; die eindeutig bestimmten $x_i \in \mathbb{R}$ heißen die *Koordinaten* von $\vec{x}$ bzgl. der Basis $(\vec{a}_1, \ldots, \vec{a}_n)$. Die Menge $\mathbb{R}^n$ heißt der *Koordinatenraum* von V; $(x_1, \ldots, x_n) \in \mathbb{R}^n$ heißt *Koordinatenvektor* von V.

Spalten-schreibweise: $\vec{x} = \begin{pmatrix} x_1 \\ \vdots \\ x_n \end{pmatrix}$; es ist $\begin{pmatrix} x_1 \\ \vdots \\ x_n \end{pmatrix} + \begin{pmatrix} y_1 \\ \vdots \\ y_n \end{pmatrix} = \begin{pmatrix} x_1 + y_1 \\ \vdots \\ x_n + y_n \end{pmatrix}$; $\lambda \begin{pmatrix} x_1 \\ \vdots \\ x_n \end{pmatrix} = \begin{pmatrix} \lambda x_1 \\ \vdots \\ \lambda x_n \end{pmatrix}$, $\lambda \in \mathbb{R}$

$\begin{pmatrix} x_1 \\ \vdots \\ x_n \end{pmatrix} \in \mathbb{R}^n$

Basis- und Koordinatentransformation für V mit $\dim V = 2$

$(\vec{e}_1, \vec{e}_2) \mapsto (\vec{\overline{e}}_1, \vec{\overline{e}}_2)$

Alte Basis: $(\vec{e}_1, \vec{e}_2)$. *Neue Basis:* $(\vec{\overline{e}}_1, \vec{\overline{e}}_2)$ mit $\vec{\overline{e}}_1 = a\vec{e}_1 + b\vec{e}_2$, $\vec{\overline{e}}_2 = c\vec{e}_1 + d\vec{e}_2$,

$D = ad - bc \neq 0$. Dann ist: $\vec{e}_1 = \frac{1}{D}(d\vec{\overline{e}}_1 - b\vec{\overline{e}}_2)$, $\vec{e}_2 = \frac{1}{D}(-c\vec{\overline{e}}_1 + a\vec{\overline{e}}_2)$.

Für $\vec{x} = x_1\vec{e}_1 + x_2\vec{e}_2 = \overline{x}_1\vec{\overline{e}}_1 + \overline{x}_2\vec{\overline{e}}_2$ gilt: $\overline{x}_1 = \frac{1}{D}(dx_1 - cx_2)$ und $\overline{x}_2 = \frac{1}{D}(-bx_1 + ax_2)$;

$x_1 = a\overline{x}_1 + c\overline{x}_2$ und $x_2 = b\overline{x}_1 + d\overline{x}_2$; $(a, b, c, d \in \mathbb{R})$

$V \xrightarrow{f} \hat{V}$

Isomorphismus bei Vektorräumen

V und $\hat{V}$ seien Vektorräume über $\mathbb{R}$. Man nennt $\hat{V}$ isomorph zu V, wenn es eine bijektive Abbildung f von V auf $\hat{V}$ gibt, so daß für alle $\vec{x}, \vec{y} \in V$ und $k \in \mathbb{R}$ gilt:

$$f(\vec{x} + \vec{y}) = f(\vec{x}) + f(\vec{y}) \quad \text{und} \quad f(k\vec{x}) = kf(\vec{x})$$

Alle Vektorräume mit $\dim V = n$ sind zueinander isomorph (alle sind isomorph zu $\mathbb{R}^n$).

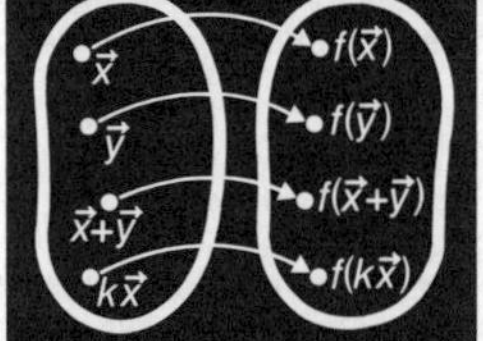

Skalarprodukt ($V \times V \to \mathbb{R}$)

f: $(\vec{x}, \vec{y}) \mapsto f(\vec{x}, \vec{y}) = \vec{x}\,\vec{y}$, $\vec{x} \in V$, $\vec{y} \in V$ heißt Skalarprodukt in V, wenn für alle $\vec{x}, \vec{y}, \vec{z} \in V$ und $k \in \mathbb{R}$ gilt: $\vec{x}\,\vec{y} = \vec{y}\,\vec{x}$; $\vec{x}(\vec{y} + \vec{z}) = \vec{x}\,\vec{y} + \vec{x}\,\vec{z}$; $\vec{x}(k\vec{y}) = k(\vec{x}\,\vec{y})$

Es ist $\vec{x}\,\vec{x} = \vec{x}^2 > 0$ für alle $\vec{x} \neq \vec{o}$.

In rechtwinkligen Koordinaten ist: $\vec{x}\,\vec{y} = \begin{pmatrix} x_1 \\ \vdots \\ x_n \end{pmatrix} \begin{pmatrix} y_1 \\ \vdots \\ y_n \end{pmatrix} = x_1y_1 + \ldots + x_ny_n$

$\vec{x}\;\vec{y}$

Euklidischer Vektorraum

Ein Vektorraum, in dem ein Skalarprodukt definiert ist, heißt euklidischer Vektorraum.

Affiner Punktraum

Affiner Punktraum

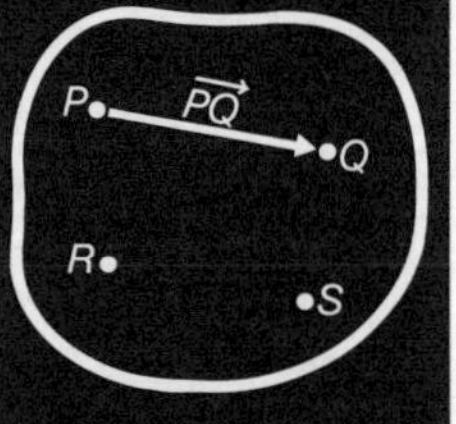

Ein *affiner Punktraum A* bezüglich eines Vektorraums V über S ist eine Menge von Punkten $P, Q, R, \ldots$, wenn folgende Axiome erfüllt sind:

1) Jedem geordn. Punktepaar (P, Q) mit $P, Q \in A$ ist ein Vektor $\overrightarrow{PQ}$ zugeordnet.
2) Zu jedem Punkt $P \in A$ und zu jedem Vektor $\vec{v} \in V$ gibt es genau einen Punkt $Q \in A$, so daß $\vec{v} = \overrightarrow{PQ}$ ist.
3) Für alle Punkte $P, Q, R \in A$ gilt: $\overrightarrow{PQ} + \overrightarrow{QR} = \overrightarrow{PR}$

Sätze $(\overrightarrow{PQ} = \vec{o}) \Leftrightarrow (P = Q)$ *Gegenvektor:* $\overrightarrow{QP} = -\overrightarrow{PQ}$ ($\overrightarrow{PP}$ ist Nullvektor $\vec{o}$)

$(\overrightarrow{PQ} = \overrightarrow{P'Q'}) \Leftrightarrow (\overrightarrow{PP'} = \overrightarrow{QQ'})$ (Parallelogrammregel)

Affiner Teilraum

F sei ein fester Punkt des affinen Raumes A, und U sei ein Untervektorraum des zugehörigen Vektorraums V. Ein *affiner Teilraum B* von A ist die *Punktmenge* $B = \{P \mid P \in A \wedge \overrightarrow{FP} \in U\}$. Hat U die Dimension k, so heißt B *k-dimensional.*

Gerade g: Teilraum mit Dimension 1; *Ebene E:* Teilraum mit Dimension 2

Parallele Teilräume: Die Teilräume B_1 und B_2 heißen *parallel zueinander*, wenn für die zugehörigen Untervektorräume U_1 und U_2 gilt: $U_1 \subset U_2$ oder $U_2 \subset U_1$.

Euklidischer Punktraum

Ein euklid. Punktraum ist ein affiner Punktraum bzgl. eines euklidischen Vektorraums.

Lineare Gleichungssysteme

Schreibweise, Grundbegriffe, Lösungsverfahren

(3,3)-Systeme

(3, 3)-System (n,n)-Systeme analog

Koordinatenschreibweise / *Vektorschreibweise* / *Matrixschreibweise*

$$\begin{aligned}(1)\quad & a_{11}x_1+a_{12}x_2+a_{13}x_3=b_1\\ (2)\quad & a_{21}x_1+a_{22}x_2+a_{23}x_3=b_2;\\ (3)\quad & a_{31}x_1+a_{32}x_2+a_{33}x_3=b_3\end{aligned}\qquad x_1\begin{pmatrix}a_{11}\\a_{21}\\a_{31}\end{pmatrix}+x_2\begin{pmatrix}a_{12}\\a_{22}\\a_{32}\end{pmatrix}+x_3\begin{pmatrix}a_{13}\\a_{23}\\a_{33}\end{pmatrix}=\begin{pmatrix}b_1\\b_2\\b_3\end{pmatrix};\quad \begin{pmatrix}a_{11}&a_{12}&a_{13}\\a_{21}&a_{22}&a_{23}\\a_{31}&a_{32}&a_{33}\end{pmatrix}\begin{pmatrix}x_1\\x_2\\x_3\end{pmatrix}=\begin{pmatrix}b_1\\b_2\\b_3\end{pmatrix}$$

$$D=\begin{vmatrix}a_{11}&a_{12}&a_{13}\\a_{21}&a_{22}&a_{23}\\a_{31}&a_{32}&a_{33}\end{vmatrix};\quad D_1=\begin{vmatrix}b_1&a_{12}&a_{13}\\b_2&a_{22}&a_{23}\\b_3&a_{32}&a_{33}\end{vmatrix};\quad D_2=\begin{vmatrix}a_{11}&b_1&a_{13}\\a_{21}&b_2&a_{23}\\a_{31}&b_3&a_{33}\end{vmatrix};\quad D_3=\begin{vmatrix}a_{11}&a_{12}&b_1\\a_{21}&a_{22}&b_2\\a_{31}&a_{32}&b_3\end{vmatrix}$$

Homogenes System: Alle $b_i=0$ **Inhomogenes System:** Nicht alle $b_i=0$

$A\vec{x}=\vec{b}$

Lineare Abhängigkeit (Unabhängigkeit)

(1), (2), (3) heißen linear abhängig (unabhängig), wenn $\lambda_1(a_{11}x_1+a_{12}x_2+a_{13}x_3-b_1)+$ $+\lambda_2(a_{21}x_1+a_{22}x_2+a_{23}x_3-b_2)+\lambda_3(a_{31}x_1+a_{32}x_2+a_{33}x_3-b_3)=0$ eine von $(\lambda_1;\lambda_2;\lambda_3)=(0;0;0)$ verschiedene Lösung hat (nur die Lösung $(\lambda_1;\lambda_2;\lambda_3)=(0;0;0)$ hat).

GAUSSsches Eliminationsverfahren für linear unabhängige (3, 3)-Systeme

Elimination

Man formt in *äquivalente Systeme* mit folgenden *Systemmatrizen* um:

$$\begin{matrix}(1)\\(2)\\(3)\end{matrix}\begin{pmatrix}a_{11}&a_{12}&a_{13}&b_1\\a_{21}&a_{22}&a_{23}&b_2\\a_{31}&a_{32}&a_{33}&b_3\end{pmatrix};\quad \begin{matrix}(1)\\(2')\\(3')\end{matrix}\begin{pmatrix}a_{11}&a_{12}&a_{13}&b_1\\0&a'_{22}&a'_{23}&b'_2\\0&a'_{32}&a'_{33}&b'_3\end{pmatrix};\quad \begin{matrix}(1)\\(2')\\(3'')\end{matrix}\begin{pmatrix}a_{11}&a_{12}&a_{13}&b_1\\0&a'_{22}&a'_{23}&b'_2\\0&0&a''_{33}&b''_3\end{pmatrix};\quad a_{11}\neq 0$$

Elemente von (2′): Elemente von (1) mit $\frac{a_{21}}{a_{11}}$ multiplizieren und Produkte von den Elementen von (2) subtrahieren; Elemente von (3′): Elemente von (1) mit $\frac{a_{31}}{a_{11}}$ $(a_{11}\neq 0)$ multiplizieren und Produkte von den Elementen von (3) subtrahieren; entsprechend weiterrechnen bis Matrix (a_{ik}) Dreiecksmatrix ist; dann x_3 aus (3″) berechnen; x_3 in (2′) einsetzen, daraus x_2 berechnen; x_3, x_2 in (1) einsetzen, daraus x_1 berechnen.

Determinantenverfahren für (3,3)-Systeme

Fallunterscheidungen $(D, D_1, D_2, D_3$, s. o.)

	Homogenes System	**Inhomogenes System**
$D\neq 0$	(1), (2), (3) sind linear unabhängig; es existiert genau 1 Lösung	
	$x_1=x_2=x_3=0$	$x_1=D_1:D;\ x_2=D_2:D;\ x_3=D_3:D$
$D=0$	Wenn $D=0$, dann sind auch $D_1=D_2=D_3=0$	Wenn $D=0$ und nicht alle $D_i=0$, dann widersprechen sich die Gln.

$D\neq 0$

$D=0$

$\boldsymbol{D=D_1=D_2=D_3=0}$ **und** $\boldsymbol{D_{33}\neq 0}$ $\quad D_{33}=\begin{vmatrix}a_{11}&a_{12}\\a_{21}&a_{22}\end{vmatrix}$; (gegebenenfalls Zeilen vertauschen)

(1), (2), (3) sind *linear abhängig*; beide Systeme haben *unendlich viele Lösungen*.

Homogenes System Ist (u_1, u_2, u_3) eine nichttriviale (partikuläre) Lösung, so ist die allgemeine Lösung (tu_1, tu_2, tu_3) mit Parameter $t\in\mathbb{R}$.

Inhomogenes System Ist $(x_1, x_2, 0)$ partikuläre Lösung, so ergibt sich die allgemeine Lösung durch Überlagerung von $(x_1, x_2, 0)$ mit der allgemeinen Lösung des homogenen Systems; sie ist $(x_1+tu_1, x_2+tu_2, tu_3)$ mit $t\in\mathbb{R}$.

Zusammenhänge in der linearen Algebra

n lineare Gleichungen, n-reihige Determinanten und n-dimensionale Vektoren sind einander entsprechende Gebilde; z. B. entsprechen sich im Fall $n=3$ die Sätze:

$a_{11}x_1+a_{12}x_2+a_{13}x_3=0$ $a_{21}x_1+a_{22}x_2+a_{23}x_3=0$ $a_{31}x_1+a_{32}x_2+a_{33}x_3=0$	$\begin{vmatrix}a_{11}&a_{12}&a_{13}\\a_{21}&a_{22}&a_{23}\\a_{31}&a_{32}&a_{33}\end{vmatrix}$	$\begin{pmatrix}a_{11}\\a_{21}\\a_{31}\end{pmatrix}, \begin{pmatrix}a_{12}\\a_{22}\\a_{32}\end{pmatrix}, \begin{pmatrix}a_{13}\\a_{23}\\a_{33}\end{pmatrix}$
sind linear unabh. (abh.).	ist $\neq 0$ $(=0)$.	sind linear unabh. (abh.).

Lineare Abbildung, affine Abbildung und Affinität

Matrizen als Hilfsmittel

Matrix Eine rechteckige Anordnung von $m \cdot n$ Elementen a_{ik} in m Zeilen und n Spalten heißt (m, n)-Matrix.

A oder **(a_{ik})** $\begin{pmatrix} a_{11} & a_{12} & a_{13} & \dots & a_{1n} \\ a_{21} & a_{22} & a_{23} & \dots & a_{2n} \\ \dots & & & \dots & \dots \\ a_{m1} & a_{m2} & a_{m3} & \dots & a_{mn} \end{pmatrix}$ | *Zeilenvektor* $\vec{a^i}$: $(a_{i1}, a_{i2}, \dots, a_{in})$ | *Spaltenvektor* $\vec{a}_k$: $\begin{pmatrix} a_{1k} \\ a_{2k} \\ \vdots \\ a_{mk} \end{pmatrix}$

Rang r Die Matrix A hat den Rang r, wenn es in ihr eine r-reihige Determinante $D \neq 0$ gibt, während alle Determinanten mit mehr als r Reihen den Wert 0 haben.

Quadratische Matrix A (n, n)-Matrix

Ordnung	Die Anzahl der Zeilen (Spalten) heißt Ordnung n.
Hauptdiagonale	Die Elemente der Hauptdiagonale sind $a_{11}, \dots, a_{nn}$.
Dreiecksmatrix	Alle Elemente unterhalb der Hauptdiagonale sind 0.
Diagonalmatrix	Alle Elemente außerhalb der Hauptdiagonale sind 0 $(a_{ik} = 0$ für $i \neq k)$.
Einheitsmatrix **E**	Diagonalmatrix, für die alle $a_{ii} = 1$ sind $(i = 1, 2, \dots, n)$.
Inverse Matrix **A^{-1}**	$\boldsymbol{AA^{-1}} = \boldsymbol{A^{-1}A} = \boldsymbol{E}$; die zu **$A$** inverse Matrix **$A^{-1}$** existiert genau dann, wenn det **A** $\neq 0$ ist (det **A** s. S. 19).

Verknüpfungen von Matrizen

$\boldsymbol{C} = \boldsymbol{B} \pm \boldsymbol{A}$ mit $c_{ik} = b_{ik} \pm a_{ik}$ — **A**, **B**: *(m, n)-Matrizen*

$\boldsymbol{C} = b\boldsymbol{A}$ mit $c_{ik} = b\,a_{ik}$, $b \in \mathbb{R}$ — (*Skalar* mal *Matrix*)

$\boldsymbol{C} = \boldsymbol{BA}$ mit $c_{ik} = b_{i1}a_{1k} + b_{i2}a_{2k} + \dots + b_{in}a_{nk} = \vec{b^i}\,\vec{a_k}$ — (*Matrix* mal *Matrix*)

BA ist nur definiert, wenn die Spaltenzahl von **B** gleich der Zeilenzahl von **A** ist.

((*r, n*)-*Matrix* mal (*n, s*)-*Matrix* = (*r, s*)-Matrix)

Beispiel: $\boldsymbol{BA} = \begin{pmatrix} b_{11} & b_{12} \\ b_{21} & b_{22} \end{pmatrix} \begin{pmatrix} a_{11} & a_{12} \\ a_{21} & a_{22} \end{pmatrix} = \begin{pmatrix} b_{11}a_{11} + b_{12}a_{21} & b_{11}a_{12} + b_{12}a_{22} \\ b_{21}a_{11} + b_{22}a_{21} & b_{21}a_{12} + b_{22}a_{22} \end{pmatrix}$

Lineare (Vektor-)Abbildung $V \to V$ (V: zweidimensionaler Vektorraum)

Definition Eine Abbildung $f\colon \vec{x} \mapsto f(\vec{x})$ ist eine lineare (Vektor-)Abbildung, wenn für alle $\vec{x}, \vec{y} \in V$ gilt: $f(\vec{x} + \vec{y}) = f(\vec{x}) + f(\vec{y})$ und $f(k \cdot \vec{x}) = k \cdot f(\vec{x})$ für $k \in \mathbb{R}$. ($f(\vec{x})$ ist eine andere Schreibweise für das Bild $\vec{\bar{x}}$ von $\vec{x}$ bei Abbildung f.)

Lineare Abbildung $f\colon \vec{x} \mapsto \vec{\bar{x}}$ der Vektoren $\vec{x} = x_1\vec{e}_1 + x_2\vec{e}_2$, $\vec{\bar{x}} = \bar{x}_1\vec{e}_1 + \bar{x}_2\vec{e}_2$

f: $\quad \boldsymbol{\vec{\bar{x}} = A\vec{x}}$, $\begin{pmatrix} \bar{x}_1 \\ \bar{x}_2 \end{pmatrix} = \begin{pmatrix} a_{11} & a_{12} \\ a_{21} & a_{22} \end{pmatrix} \begin{pmatrix} x_1 \\ x_2 \end{pmatrix} = \begin{pmatrix} a_{11}x_1 + a_{12}x_2 \\ a_{21}x_1 + a_{22}x_2 \end{pmatrix}$ mit $\boldsymbol{A} = \begin{pmatrix} a_{11} & a_{12} \\ a_{21} & a_{22} \end{pmatrix}$

(Produkt einer (2,2)-Matrix mit einem Spaltenvektor mit 2 Elementen)

Basis von V: $(\vec{e}_1, \vec{e}_2)$; *Bilder* von $\vec{e}_1, \vec{e}_2$: $\vec{\bar{e}}_1 = a_{11}\vec{e}_1 + a_{21}\vec{e}_2$, $\vec{\bar{e}}_2 = a_{12}\vec{e}_1 + a_{22}\vec{e}_2$

Inverse Abbildung f^{-1}: $\vec{\bar{x}} \mapsto \vec{x}$

f^{-1}: $\quad \boldsymbol{\vec{x} = A^{-1}\vec{\bar{x}}}$, $D = \det \boldsymbol{A} \neq 0$; inverse Matrix $\boldsymbol{A^{-1}} = \frac{1}{D}\begin{pmatrix} a_{22} & -a_{12} \\ -a_{21} & a_{11} \end{pmatrix}$

Verkettung $f_\beta \circ f_\alpha$: $\vec{x} \mapsto \vec{\bar{\bar{x}}}$ $\quad$ (f_β nach f_α)

$f_\beta \circ f_\alpha$: $\boldsymbol{\vec{\bar{\bar{x}}} = (BA)\,\vec{x}}$ $\quad$ (f_α: $\vec{\bar{x}} = \boldsymbol{A}\vec{x}$, f_β: $\vec{\bar{\bar{x}}} = \boldsymbol{B}\,\vec{\bar{x}}$; **$BA$** s. o.)

A

(a_{ik})

(n, n)-Matrix

A^{-1}

$b\ A$

$B\ A$

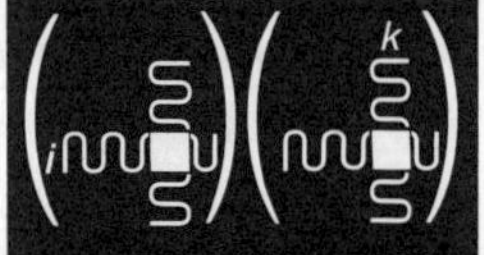

$V \to V$

$\vec{x} \overset{f}{\mapsto} \vec{\bar{x}}$

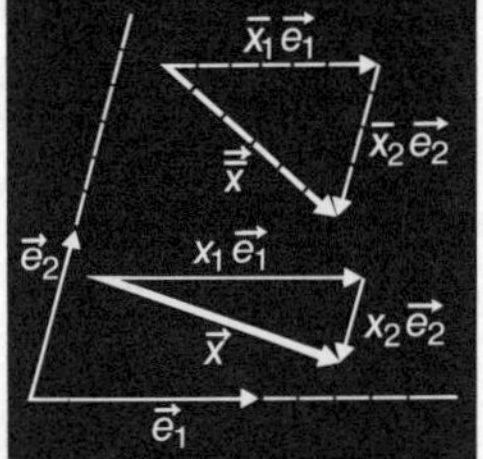

f^{-1}

$f_\beta \circ f_\alpha$

Affine Abbildung und Affinität $E \to E$ (E: Affine Ebene)

$E \to E$

Affine Abbildung α: $P(x_1/x_2) \mapsto \overline{P}(\overline{x}_1/\overline{x}_2)$ oder $\vec{x} \mapsto \vec{\overline{x}}$ mit $\vec{x} = \overrightarrow{OP}$, $\vec{\overline{x}} = \overrightarrow{O\overline{P}}$

$P \overset{\alpha}{\mapsto} \overline{P}$

$$\vec{\overline{\boldsymbol{x}}} = \underbrace{\boldsymbol{A}} \cdot \vec{\boldsymbol{x}} + \vec{\boldsymbol{c}}; \qquad \vec{\overline{x}} = x_1 \vec{a} + x_2 \vec{b} + \vec{c}$$

$$\alpha: \begin{pmatrix}\overline{x}_1\\ \overline{x}_2\end{pmatrix} = \begin{pmatrix}a_1 & b_1\\ a_2 & b_2\end{pmatrix}\begin{pmatrix}x_1\\ x_2\end{pmatrix} + \begin{pmatrix}c_1\\ c_2\end{pmatrix}; \quad \begin{pmatrix}\overline{x}_1\\ \overline{x}_2\end{pmatrix} = x_1\begin{pmatrix}a_1\\ a_2\end{pmatrix} + x_2\begin{pmatrix}b_1\\ b_2\end{pmatrix} + \begin{pmatrix}c_1\\ c_2\end{pmatrix}; \quad \begin{matrix}\overline{x}_1 = a_1 x_1 + b_1 x_2 + c_1\\ \overline{x}_2 = a_2 x_1 + b_2 x_2 + c_2\end{matrix}$$

Matrixschreibweise (Vektorschreibweise) (Koordinatenschreibweise)

Induzierte lineare Vektorabbildung

f_α

Jede affine (Punkt-)Abbildung α: $P \mapsto \overline{P}$ induziert eine lineare Vektorabbildung f_α: $\vec{v} \mapsto \vec{\overline{v}}$ in dem zu E gehörenden Vektorraum V.

f_α: $\vec{\overline{\boldsymbol{v}}} = \boldsymbol{A}\,\vec{\boldsymbol{v}}$ oder $\begin{matrix}\overline{v}_1 = a_1 v_1 + b_1 v_2\\ \overline{v}_2 = a_2 v_1 + b_2 v_2\end{matrix}$ mit $\vec{v} \in V$, $\vec{v} = \overrightarrow{PQ}$ für alle $P, Q \in E$

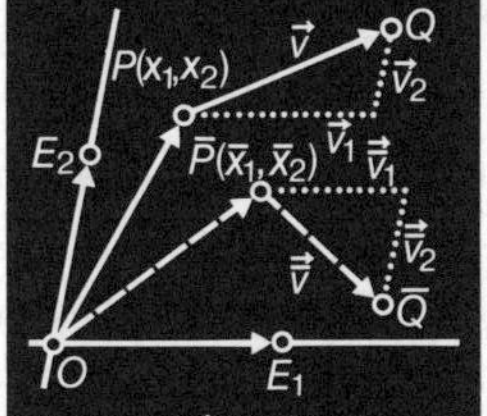

$\vec{\overline{v}} = k\vec{v}$

Eigenvektor $\vec{v} \neq \vec{o}$ heißt Eigenvektor von f_α zum Eigenwert k, wenn: $\vec{\overline{v}} = k\vec{v}$ ($k \in \mathbb{R}^*$)

Eigenwert Der Skalarfaktor k in $\vec{\overline{v}} = k\vec{v}$ heißt Eigenwert von f_α.

Eigenwerte k ergeben sich aus der *charakteristischen Gleichung*:

$$\begin{vmatrix}a_1 - k & b_1\\ a_2 & b_2 - k\end{vmatrix} = 0 \iff k^2 - (a_1 + b_2)\,k + (a_1 b_2 - a_2 b_1) = 0$$

Eigenraum Die Menge der Eigenvektoren von f_α zum Eigenwert k zusammen mit dem Nullvektor heißt der Eigenraum von f_α zum Eigenwert k.

Affinität Jede bijektive affine Abbildung α: $\vec{x} \mapsto \vec{\overline{x}}$ heißt Affinität.

α

α: $\vec{\overline{\boldsymbol{x}}} = \boldsymbol{A}\vec{\boldsymbol{x}} + \vec{\boldsymbol{c}}$ (andere Schreibweisen s. o.) mit $D = \det \boldsymbol{A} \neq 0$

$D > 0$: gleichsinnige Affinität; $D < 0$ gegensinnige Affinität

Affinitäten sind geraden-, parallelen- und teilverhältnistreu.

Eine Figur mit Flächeninhalt A wird in eine Bildfigur mit Flächeninhalt $\overline{A} = |D|\,A$ abgebildet (Flächentreue für $|D| = 1$).

Inverse Affinität α^{-1}: $\vec{\overline{x}} \mapsto \vec{x}$

α^{-1}

α^{-1}: $\vec{\boldsymbol{x}} = \boldsymbol{A}^{-1}\vec{\overline{\boldsymbol{x}}} - \boldsymbol{A}^{-1}\vec{\boldsymbol{c}}$ mit $\boldsymbol{A}^{-1} = \frac{1}{D}\begin{pmatrix}b_2 & -b_1\\ -a_2 & a_1\end{pmatrix}$

Verkettung von Affinitäten $\beta \circ \alpha$ (β nach α): $\vec{x} \mapsto \vec{\overline{\overline{x}}}$

$\beta \circ \alpha$

$\beta \circ \alpha$: $\vec{\overline{\overline{\boldsymbol{x}}}} = (\boldsymbol{BA})\,\vec{\boldsymbol{x}} + \boldsymbol{B}\vec{\boldsymbol{c}} + \vec{\boldsymbol{d}}$ mit α: $\vec{\overline{x}} = \boldsymbol{A}\vec{x} + \vec{c}$, β: $\vec{\overline{\overline{x}}} = \boldsymbol{B}\vec{\overline{x}} + \vec{d}$

Fixelemente einer Affinität

Fixelemente

Fixpunkt Ein Punkt heißt Fixpunkt, wenn er mit seinem Bildpunkt zusammenfällt; seine Koordinaten sind die Lösungen des Gleichungssystems $\overline{x}_1 = x_1$, $\overline{x}_2 = x_2$.

Fixgerade Eine Gerade g heißt Fixgerade, wenn die Bildgerade $\overline{g}$ mit ihr zusammenfällt; Fixgeraden haben die Richtungen der Eigenvektoren.

Fixpunktgerade Eine (Fix-)Gerade g, für die alle Punkte $P \in g$ Fixpunkte sind, heißt Fixpunktgerade *oder* Achse der Affinität.

Fixrichtung Ist $\vec{v}$ ein Eigenvektor, so wird jede Gerade g mit Richtungsvektor $\vec{v}$ in eine zu g parallele Gerade $\overline{g}$ abgebildet; deshalb heißen die Richtungen der Eigenvektoren Fixrichtungen.

Sätze

1) Die Verbindungsgerade von zwei Fixpunkten ist eine Fixpunktgerade.
2) Der Schnittpunkt von zwei Fixgeraden ist ein Fixpunkt.
3) Eine von der Identität verschiedene Affinität hat entweder genau eine Fixpunktgerade *oder* genau einen Fixpunkt *oder* keinen Fixpunkt.
4) Hat eine Affinität keinen Fixpunkt, so ist 1 ein Eigenwert von f_α.
   Man beachte: Die Umkehrung dieses Satzes gilt nicht.
5) Ist P Fixpunkt von α und $\vec{v}$ Eigenvektor von f_α, so ist g: $\vec{x} = \vec{p} + t\vec{v}$ eine Fixgerade; g ist sogar Fixpunktgerade, wenn $\vec{\overline{v}} = v$ ($k = 1$) ist.

Klassifizierung der Affinitäten, Typus und Normalform

Klassifizierung nach Fixpunkten und Fixrichtungen

Abkürzungen: EW: Eigenwert(e); G-Bü: Geradenbüschel (alle Geraden durch 1 Punkt)
R: Richtung(en); ||-Bü: Parallelbüschel (alle Geraden || zueinander)

Jeder Punkt P ist Fixpunkt. **Identität** ($\vec{x}' = \vec{x}$)	Genau 1 Fixpunktgerade (Achse) g; 1 EW ist 1	Genau 1 Fixpunkt F; kein EW ist 1	Kein Fixpunkt; 1 EW ist 1; $\vec{c} \neq \vec{o}$
Jede R fix; $\boldsymbol{A} = k\boldsymbol{E}$; genau 1 EW $k \neq 0$; jeder Vektor ist Eigenvektor	—	$k \neq 1$: **Zentr. Streckung** $k = -1$: **Punktspiegelung** 1 G-Bü fix (durch F)	$k = 1$: **Translation** (Parallelverschiebung) ($\boldsymbol{A} = \boldsymbol{E}$ und $\vec{c} \neq \vec{o}$) alle ||-Bü fix
Genau 2 R fix; genau 2 EW $k_1, k_2 \neq 0$; $k_2 = -k_1$	$k_1 = 1$; $k_2 \neq 1$: **Schiefe Achsenaffinität** (Parallelstreckung) $k_1 = 1$; $k_2 = -1$: **Affin(Schräg-)spieglg.** 1 ||-Bü fix, $g \notin$ ||-Bü	$k_1, k_2 \neq 1$; $k_2 \neq k_1$ **EULERsche Affinität** $k_1, k_2 \neq \pm 1$; $k_2 = -k_1$: **Affine Streckspiegelung** genau 2 Geraden fix	$k_1 = 1$, $k_2 \neq 1$: **Schubschrägaffinität** (Schubparallelstreckg.) $k_1 = 1$; $k_2 = -1$: **Affine Schubspieglg.** genau 1 Gerade fix
Genau 1 R fix; genau 1 EW $k \neq 0$; $\boldsymbol{A} \neq k\boldsymbol{E}$	$k = 1$: **(Axiale) Scherung** 1 ||-Bü fix, $g \in$ ||-Bü	$k \neq 1$: **Scherstreckung** genau 1 Gerade fix	$k = 1$: **Schubscherung** Keine Fixgerade
Keine R fix; kein EW	—	**Affine Drehstreckung** $\lvert\boldsymbol{A}\rvert = 1$: **Affindrehung** keine Fixgerade	—

Typus Um den *Typus* einer gegebenen Affinität zu bestimmen, berechnet man ihre Fixelemente und geht mit ihnen in die obige Tabelle ein.

Beispiel für α mit Abbildungsgleichung $\vec{x}' = \begin{pmatrix} -3 & -2 \\ 2 & 1 \end{pmatrix} \vec{x} + \begin{pmatrix} 4 \\ 2 \end{pmatrix}$

Einziger Fixpunkt ist $F(-1/4)$, einziger EW ist $k = -1$; $\boldsymbol{A} \neq k\boldsymbol{E}$; also ist α eine Scherstreckung. Ein Eigenvektor ist $\vec{v} = \begin{pmatrix} 1 \\ -1 \end{pmatrix}$; somit ist $\vec{x} = \begin{pmatrix} -1 \\ 4 \end{pmatrix} + t\begin{pmatrix} 1 \\ -1 \end{pmatrix} \Leftrightarrow x_1 + x_2 = 3$ die Fixgerade von α.

Normalform in angepaßtem Koordinatensystem

Identität $\vec{x}' = \begin{pmatrix} 1 & 0 \\ 0 & 1 \end{pmatrix} \vec{x}$ —	**Zentrische Streckung** $\vec{x}' = \begin{pmatrix} k & 0 \\ 0 & k \end{pmatrix} \vec{x}$ **Punktspiegelung** $\vec{x}' = \begin{pmatrix} -1 & 0 \\ 0 & -1 \end{pmatrix} \vec{x}$	**Translation** $\vec{x}' = \begin{pmatrix} 1 & 0 \\ 0 & 1 \end{pmatrix} \vec{x} + \begin{pmatrix} 1 \\ 0 \end{pmatrix}$
Schiefe Achsenaff. $\vec{x}' = \begin{pmatrix} 1 & 0 \\ 0 & k_2 \end{pmatrix} \vec{x}$ **Schrägspiegelung** $\vec{x}' = \begin{pmatrix} 1 & 0 \\ 0 & -1 \end{pmatrix} \vec{x}$	**EULERsche Affinität** $\vec{x}' = \begin{pmatrix} k_1 & 0 \\ 0 & k_2 \end{pmatrix} \vec{x}$ **Affine Streckspiegelung** $\vec{x}' = \begin{pmatrix} k_1 & 0 \\ 0 & -k_1 \end{pmatrix} \vec{x}$	**Schubschrägaffinität** $\vec{x}' = \begin{pmatrix} 1 & 0 \\ 0 & k_2 \end{pmatrix} \vec{x} + \begin{pmatrix} 1 \\ 0 \end{pmatrix}$ **Affine Schubspiegelung** $\vec{x}' = \begin{pmatrix} 1 & 0 \\ 0 & -1 \end{pmatrix} \vec{x} + \begin{pmatrix} 1 \\ 0 \end{pmatrix}$
(Axiale) Scherung $\vec{x}' = \begin{pmatrix} 1 & 1 \\ 0 & 1 \end{pmatrix} \vec{x}$	**Scherstreckung** $\vec{x}' = \begin{pmatrix} k & 1 \\ 0 & k \end{pmatrix} \vec{x}$	**Schubscherung** $\vec{x}' = \begin{pmatrix} 1 & 1 \\ 0 & 1 \end{pmatrix} \vec{x} + \begin{pmatrix} 0 \\ 1 \end{pmatrix}$
—	**Affine Drehstreckung** [1] **Affindrehung** [2]	—

Anordnung und k-Werte wie oben

[1] $\vec{x}' = r\begin{pmatrix} \cos\varphi & -\sin\varphi \\ \sin\varphi & \cos\varphi \end{pmatrix} \vec{x}$ mit $r > 0, \neq 1$; $\sin\varphi \neq 0$; [2] $\vec{x}' = \begin{pmatrix} \cos\varphi & -\sin\varphi \\ \sin\varphi & \cos\varphi \end{pmatrix} \vec{x}$

Affinitäten in rechtw. Koordinaten $E' \to E'$ (E': Euklidische Ebene)

$E' \to E'$

Achsenaffinitäten mit Achse g: $x_2 = 0$ (x_1-Achse)

Orth. Aff.	Schiefe Aff.	Orth. Spiegl.	Schrägspiegl.	Scherung
$\begin{pmatrix}1 & 0\\0 & k\end{pmatrix}$	$\begin{pmatrix}1 & (k-1)\cot\psi\\0 & k\end{pmatrix}$	$\begin{pmatrix}1 & 0\\0 & -1\end{pmatrix}$	$\begin{pmatrix}1 & q\\0 & -1\end{pmatrix}$	$\begin{pmatrix}1 & p\\0 & 1\end{pmatrix}$
Affinitätsfaktor $k \neq 0$, $\neq \pm 1$ ($k = 1$ ergibt Identität.)		(orth. Affinität mit $k = -1$)	Schrägspiegl.-koeff. $q \neq 0$; $q = -2\cot\psi$	Scherkoeff. $p \neq 0$; $P\overline{P} \parallel g$

ψ ist der Winkel der Fixrichtung $P\overline{P}$ mit der x_1-Achse.

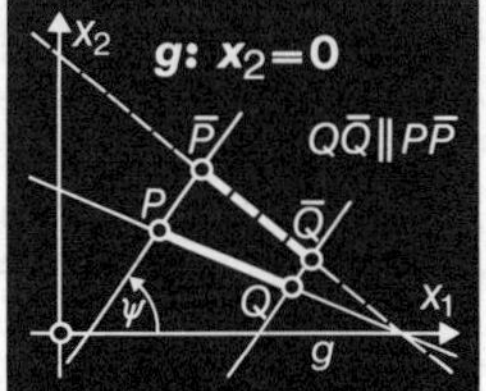

Achsenaffinitäten mit Achse g: $x_2 = mx_1$ ($m = \tan\varphi$, ψ wie oben)

α: $\overline{x} = \boldsymbol{A}x$ mit $\boldsymbol{A} = \begin{pmatrix}1+a & b\\c & 1+d\end{pmatrix}$ und $b \neq 0$, $\det \boldsymbol{A} = D \neq 0$ ist genau dann eine Affinität

mit Achse g: $x_2 = -\frac{a}{b}x_1$, wenn $c = \frac{ad}{b}$ ist; dabei ist $\tan\psi = \frac{d}{b}$, $D = 1+a+d$.
Orthogonalitätsbedingung ist $b^2 = ad$. *Sonderfälle* sind: $D \neq \pm 1$: schiefe (orth.) Affinität mit Affinitätsfaktor $k = D$; $D = -1$ ($d = -a-2$): Schräg-(orthogonale) Spiegelung; $D = 1$ ($d = -a$): Scherung; Scherkoeffizient ist $p = (a^2+b^2)$: b.

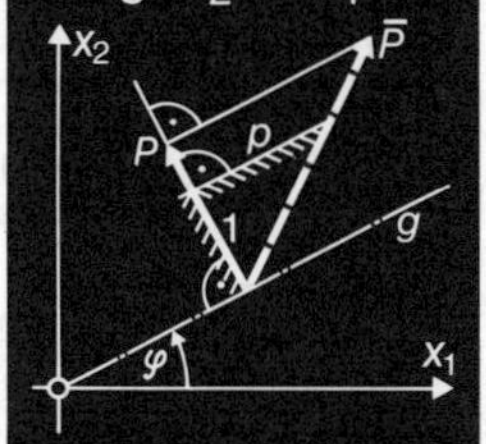

Affinitäten mit dem einzigen Fixpunkt O (0/0)

Drehung um O	Zentr. Streckung	Drehstreckung	Orth. EULERaff. ($D = k_1 k_2$)
$\begin{pmatrix}\cos\varphi & -\sin\varphi\\ \sin\varphi & \cos\varphi\end{pmatrix}$	$\begin{pmatrix}k & 0\\0 & k\end{pmatrix}$, $k \neq 0, \neq +1$	$k\begin{pmatrix}\cos\varphi & -\sin\varphi\\ \sin\varphi & \cos\varphi\end{pmatrix}$	$\frac{1}{m^2+1}\begin{pmatrix}m^2k_2+k_1 & m(k_1-k_2)\\ m(k_1-k_2) & m^2k_1+k_2\end{pmatrix}$
φ: Drehwinkel O: Drehpunkt	k: Streckfaktor; $k = -1$: Punktspiegl.	mit $k \neq 0, \neq +1$; $k = -1$: Drehspiegl.	mit $k_1, k_2 \neq 0, \neq 1$, $k_2 \neq k_1$; Fixger. g_1: $x_2 = mx_1$; $g_2 \perp g_1$

F≡O

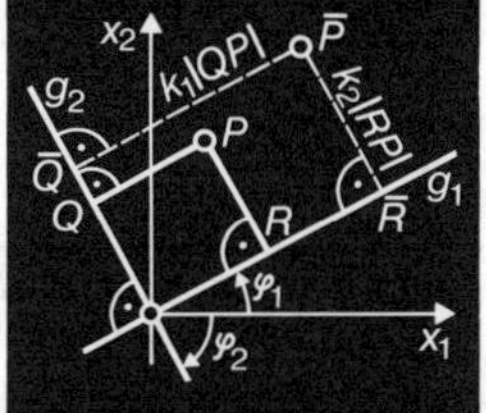

Ähnlichkeit (Winkeltreue Affinität mit $|\overrightarrow{\overline{P}\,\overline{Q}}| = k|\overrightarrow{PQ}|$ für alle $P, Q \in E'$, $P \neq Q$, $k \in \mathbb{R}^*_+$)

α: $\vec{\overline{x}} = \boldsymbol{A}\vec{x} + \vec{c}$ mit $\boldsymbol{A} = \begin{pmatrix}a_1 & -a_2\\a_2 & a_1\end{pmatrix}$ oder $\boldsymbol{A} = \begin{pmatrix}a_1 & a_2\\a_2 & -a_1\end{pmatrix}$, $\det\boldsymbol{A} = D \neq 0$ ($D>0$: gleichsinnig, $D<0$: gegensinnig)

$\vec{\overline{x}} = x_1\vec{a} + x_2\vec{b} + \vec{c}$ mit $\vec{a}\vec{b} = 0$ und $\vec{a}^2 = \vec{b}^2$, $\vec{a}, \vec{b} \neq 0$ in Vektorschreibweise

Kongruenz (vgl. S. 11); die zu α gehörende lineare Abbildung f_α heißt *Isometrie*.
α: Abbildungsgln. wie bei Ähnlichkeit, jedoch mit $D = \pm 1$, vektoriell mit $\vec{a}^2 = \vec{b}^2 = 1$.

Metrik $|\vec{x}| = \sqrt{\vec{x}\vec{x}}$; $\sphericalangle(\vec{x}, \vec{y}) = \varphi$ mit $\cos\varphi = \frac{\vec{x}\vec{y}}{|\vec{x}||\vec{y}|}$ und $0 \leqq \varphi \leqq \pi$.

Symmetrische Bilinearformen $V \to \mathbb{R}$ (V: zweidimensionaler Vektorraum)

$V \to \mathbb{R}$

Eine Abbildung f, die jedem geordneten Paar $(\vec{x}, \vec{y})$ von Vektoren eine reelle Zahl zuordnet, so daß für alle $\vec{x}, \vec{y}, \vec{z} \in V$, $k \in \mathbb{R}$ gilt:

$f(\vec{x}, \vec{y}) = f(\vec{y}, \vec{x})$, $f(\vec{x}, \vec{y}+\vec{z}) = f(\vec{x}, \vec{y}) + f(\vec{x}, \vec{z})$, $f(k\vec{x}, \vec{y}) = kf(\vec{x}, \vec{y})$ heißt **symmetrische Bilinearform**.

$f(\vec{x}, \vec{y})$

Bezüglich einer Basis $\{\vec{b}_1, \vec{b}_2\}$ hat f die (f festlegende) Darstellung:

$f(\vec{x}, \vec{y}) = f(\vec{b}_1, \vec{b}_1)x_1y_1 + f(\vec{b}_1, \vec{b}_2)(x_1y_2 + x_2y_1) + f(\vec{b}_2, \vec{b}_2)x_2y_2$

Quadratische Form Die Abbildung $\vec{x} \mapsto f(\vec{x}, \vec{x})$ heißt die zu f gehörende quadratische Form; statt $\vec{x} \mapsto f(\vec{x}, \vec{x})$ schreibt man auch $q_f(\vec{x})$ oder q_f.

Für alle $\vec{x}, \vec{y} \in V$ gilt: $f(\vec{x}, \vec{y}) = \frac{1}{2}\left(q_f(\vec{x}+\vec{y}) - q_f(\vec{x}) - q_f(\vec{y})\right)$

$q_f(\vec{x})$

***f* definit** q_f nimmt für $\vec{x} \neq \vec{o}$ entweder nur Werte >0 oder nur <0 an.

***f* semidefinit** q_f nimmt für $\vec{x} \neq \vec{o}$ entweder nur Werte $\geqq 0$ oder nur $\leqq 0$ an.

***f* indefinit** q_f nimmt sowohl positive als auch negative Werte an.

Kurve 2. Ordnung Die Menge aller Punkte, deren Ortsvektoren die Gleichung $f((\vec{x}, \vec{x}) + l(\vec{x}) + c = 0$ erfüllen, ist eine Kurve zweiter Ordnung (K_2).
($M \neq \{\ \}$; $f(\vec{x}, \vec{x}) \neq$ Nullform; Linearform $l(x)$ ist lineare Abbildung von V in $\mathbb{R}$.

K_2

f definit: K_2: Ellipse *oder* Punkt.

f semidefinit: K_2: Parabel *oder* 2 parallele Geraden *oder* 1 Gerade.

f indefinit: K_2: Hyperbel *oder* 2 sich schneidende Geraden.

Analysis und Differentialrechnung

Unendliche Zahlenfolgen $(a_n, b_n \in \mathbb{R},\ n \in \mathbb{N}^*)$

(a_n)

Definition Eine *unendliche Zahlenfolge* ist eine Abbildung von $\mathbb{N}^*$ *auf* eine Menge M. $M \subseteq \mathbb{R}$. Das Bild von $n \in \mathbb{N}^*$ wird mit a_n bezeichnet.

Symbole $a_1, a_2, a_3, \ldots a_n, \ldots;\ (a_n)\quad n \in \mathbb{N}^*$

beschränkt Die Folge (a_n) ist *beschränkt*, wenn für alle n gilt: $|a_n| \leqq K$ mit $K \in \mathbb{R}$.

monoton Die Folge (a_n) ist *monoton wachsend* (*monoton fallend*), wenn gilt: $a_n \leqq a_{n+1}$ $(a_n \geqq a_{n+1})$; gilt sogar: $a_n < a_{n+1}$ $(a_n > a_{n+1})$, so ist sie *streng monoton wachsend* (*streng monoton fallend*).

Nullfolgen (a_n) ist eine *Nullfolge*, wenn $|a_n|$ beliebig klein wird für hinreichend großes n, *oder* (andere Fassung); wenn zu jeder noch so kleinen positiven Zahl ε ein n_0 angegeben werden kann, so daß $|a_n| < \varepsilon$ ist für alle $n > n_0$.

Folgen mit Grenzwert *A* (Konvergente Folgen)

(a_n) konvergiert gegen $A \in \mathbb{R}$, wenn die Folge $(a_n - A)$ eine Nullfolge ist.

Sprechweise: Der Grenzwert der Folge (a_n) ist A.

Schreibweise: $\lim\limits_{n\to\infty} a_n = A$ (Sonderfall $A = 0$: Nullfolge)

$\lim\limits_{n\to\infty} a_n$

Beispiele: $\lim\limits_{n\to\infty} \frac{a}{n} = 0\ (a \in \mathbb{R})$; $\lim\limits_{n\to\infty} a^n = 0$ für $|a| < 1$; $\lim\limits_{n\to\infty} \sqrt[n]{n} = 1$;

$\lim\limits_{n\to\infty} n\left(\sqrt[n]{a} - 1\right) = \ln a$ für $a > 0$; $\lim\limits_{n\to\infty} \frac{a^n}{n!} = 0$; $\lim\limits_{n\to\infty} \left(1 + \frac{1}{n}\right)^n = \mathrm{e}$ (EULERsche Zahl)

Sätze

1) Wenn $\lim\limits_{n\to\infty} a_n = A$ und $\lim\limits_{n\to\infty} b_n = B$, dann gilt:

a) $\lim\limits_{n\to\infty} (a_n \pm b_n) = A \pm B$ b) $\lim\limits_{n\to\infty} (a_n \cdot b_n) = A \cdot B$

c) $\lim\limits_{n\to\infty} (a_n : b_n) = A : B$ für alle $b_n \neq 0$ und $B \neq 0$

2) Jede konvergente Folge ist beschränkt.

3) Jede beschränkte und monotone Folge ist konvergent.

divergent Eine nicht konvergente Folge heißt *divergente* Folge. (Folge ohne Grenzwert)

sup a_n Das *Supremum* einer nach oben beschränkten Folge (a_n) ist die kleinste obere Schranke (die obere Grenze) der Menge $\{a_n\}$.

inf a_n Das *Infimum* einer nach unten beschränkten Folge (a_n) ist die größte untere Schranke (die untere Grenze) der Menge $\{a_n\}$.

Intervalle, Umgebung, Häufungsstelle

$[a, b]$

Intervalle $[a, b] = \{x \mid a \leqq x \leqq b\}$ $[a, b[\ = \{x \mid a \leqq x < b\}$

$]a, b] = \{x \mid a < x \leqq b\}$ $]a, b[\ = \{x \mid a < x < b\}$

$[a, b]$ abgeschlossenes Intervall; $]a, b[$ offenes Intervall

$[a, b[$, $]a, b]$ halboffene Intervalle; die Zahlen a, b heißen Randpunkte.

Intervalle sind Mengen reeller Zahlen (Punktmengen) auf der Zahlengeraden.

Intervallschachtelung Eine Folge von Intervallen $([a_n, b_n])$, $(n = 1, 2, 3, \ldots)$ heißt Intervallschachtelung, wenn gilt: Die Folge (a_n) wächst monoton, die Folge (b_n) fällt monoton, die Folge $(b_n - a_n)$ ist eine Nullfolge.

Umgebung einer Zahl *a*

Unter der ε-Umgebung einer Zahl a versteht man die Zahlenmenge $U_\varepsilon(a) = \{x \mid |a - x| < \varepsilon\}$ mit $a, x \in \mathbb{R}$ und $\varepsilon \in \mathbb{R}^*_+$.

$U_\varepsilon(a)$

Häufungsstelle (Häufungszahl, Häufungspunkt) von *M*

Eine reelle Zahl x_0 heißt Häufungsstelle einer Menge $M \subseteq \mathbb{R}$, wenn in jeder ε-Umgebung von x_0 mindestens ein von x_0 verschiedenes Element von M liegt.

Funktion, Grenzwert und Stetigkeit (Grundmenge ℝ)

$f\colon x \mapsto f(x)$

Funktion (Zuordnung, Abbildung, Relation, vgl. S. 3 und S. 11)

$f\colon x \mapsto f(x),\ x \in D$ (Definitionsmenge); $W = \{f(x) \mid x \in D\} = f(D)$ (Wertemenge)

monoton Die Funktion $f\colon x \mapsto f(x)$ heißt *monoton wachsend (fallend)*, wenn für alle $x_1 < x_2$ gilt: $f(x_1) \leqq f(x_2)$ $\big(f(x_1) \geqq f(x_2)\big)$; sie heißt *streng monoton wachsend (fallend)*, wenn für alle $x_1 < x_2$ gilt: $f(x_1) < f(x_2)$ $\big(f(x_1) > f(x_2)\big)$

$f \circ g$

Verkettung Ist $f\colon x \mapsto f(x),\ x \in D_f$ und $g\colon x \mapsto g(x),\ x \in D_g,\ W_g = g(D_g) \subseteq D_f$, dann ist $h\colon x \mapsto f\big(g(x)\big),\ x \in D_g$ die Verkettung $f \circ g$ von f mit g (*gelesen:* f verkettet mit g oder f nach g); dabei ist:

$$h\colon x \mapsto h(x) = (f \circ g)(x) = f\big(g(x)\big) \quad (\textit{gelesen: } f \text{ von } g \text{ von } x)$$

f^{-1}

Umkehrfunktion Die Funktion $f\colon x \mapsto y$ mit $y = f(x),\ x \in D_f,\ y \in W_f$ hat die Umkehrfunktion $\overline{f}\colon y \mapsto x$ mit $x = \overline{f}(y),\ y \in D_{\overline{f}} = W_f$ und $x \in W_{\overline{f}} = D_f$, wenn die zu $x \mapsto y$ umgekehrte Zuordnung $y \mapsto x$ eindeutig ist. Statt $\overline{f}$ schreibt man auch f^{-1}. Das Schaubild $y = \overline{f}(x)$ (die Variablen sind vertauscht!) ist das Spiegelbild des Schaubilds von $y = f(x)$ bzgl. der 1. Winkelhalbierenden ($y = x$).

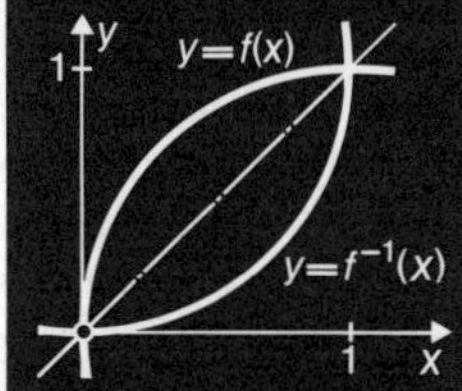

Satz Jede auf $[a, b]$ streng monotone Funktion besitzt eine Umkehrfunktion.

$\lim\limits_{x \to x_0} f(x)$

Folgen-Definition des Grenzwerts

Eine Zahl A heißt Grenzwert der Funktion $f\colon x \mapsto f(x),\ x \in D$ an der Häufungsstelle x_0 von D, wenn für jede gegen x_0 konvergierende Folge (a_n) mit $a_n \in D \setminus \{x_0\}$ gilt: $\lim\limits_{n \to \infty} f(a_n) = A$

Schreibweise: $\lim\limits_{x \to x_0} f(x) = A$ (*gelesen:* Limes von $f(x)$ für x gegen x_0 gleich A)

Ein Grenzwert heißt *rechtsseitiger Grenzwert R* (*linksseitiger Grenzwert L*), wenn für alle Glieder a_n der Folge (a_n) mit $a_n \geqq a_{n+1} > x_0$ $(a_n \leqq a_{n+1} < x_0)$ gilt:

$$\lim_{n \to \infty} f(a_n) = R \quad \Big(\lim_{n \to \infty} f(a_n) = L\Big)$$

Schreibweise: $\lim\limits_{\substack{x \to x_0,\\ x > x_0}} f(x) = R$ $\Big(\lim\limits_{\substack{x \to x_0,\\ x < x_0}} f(x) = L\Big)$

Beispiele: $\lim\limits_{x \to a} \dfrac{x^2 - a^2}{x - a} = 2a$; $\lim\limits_{x \to 0} \dfrac{\sin x}{x} = 1$; $\lim\limits_{x \to 1} \dfrac{\ln x}{x - 1} = 1$; $\lim\limits_{\substack{x \to 1,\\ x > 1}} e^{\frac{1}{1-x}} = 0$

CAUCHY-Definition des Grenzwerts

Eine Zahl A heißt Grenzwert der Funktion $f\colon x \mapsto f(x),\ x \in D$ an der Häufungsstelle x_0 von D, wenn es zu jedem $\varepsilon > 0$ ein $\delta > 0$ gibt, so daß für alle $x \in D$ mit $x \neq x_0$ gilt: Wenn $|x - x_0| < \delta$, dann ist $|f(x) - A| < \varepsilon$.

Sätze Ist $\lim\limits_{x \to x_0} f(x) = A$, $\lim\limits_{x \to x_0} g(x) = B$, so gilt: a) $\lim\limits_{x \to x_0} \big(f(x) \pm g(x)\big) = A \pm B$;

b) $\lim\limits_{x \to x_0} \big(f(x)\, g(x)\big) = AB$; c) $\lim\limits_{x \to x_0} \big(f(x) : g(x)\big) = A : B$ für $g(x) \neq 0$ und $B \neq 0$.

Stetigkeit

Definition der Stetigkeit an einer Stelle $x_0 \in D$

1. Art: $f\colon x \mapsto f(x)$ heißt an der Stelle x_0 stetig, wenn $\lim\limits_{x \to x_0} f(x) = f(x_0)$ ist.

2. Art: $f\colon x \mapsto f(x)$ heißt an der Stelle x_0 stetig, wenn es zu jedem $\varepsilon > 0$ ein $\delta > 0$ gibt, so daß für alle $x \in D$ gilt: Wenn $|x - x_0| < \delta$, dann ist $|f(x) - f(x_0)| < \varepsilon$.

Definition der Stetigkeit auf einem Intervall J

Eine Funktion ist auf J stetig, wenn sie an jeder Stelle von J stetig ist.

Sätze

Ist die Funktion f stetig auf $[a, b] = J$,

- und haben $f(a)$, $f(b)$ verschiedene Vorzeichen, dann gibt es mindestens ein $x_0 \in J$ mit $f(x_0) = 0$ (Satz von BOLZANO),
- dann nimmt $f(x)$ alle Werte zwischen $f(a)$ und $f(b)$ an (Zwischenwertsatz),
- dann gibt es mindestens eine Stelle $z_1 \in J$, an der $f(x)$ ein Maximum oder ein Minimum annimmt (Satz von WEIERSTRASS).

Ableitung, Ableitungsfunktion

Ableitung an der Stelle x_0

1. Fassung: $f\colon x \mapsto f(x)$ heißt an der Stelle x_0 ableitbar (differenzierbar), wenn $\lim\limits_{x \to x_0} \frac{f(x) - f(x_0)}{x - x_0}$ existiert; dieser Grenzwert heißt (erste) Ableitung von f an der Stelle x_0 und wird mit $f'(x_0)$ bezeichnet.

Es ist: $f'(x_0) = \lim\limits_{x \to x_0} \frac{f(x) - f(x_0)}{x - x_0}$ (*gelesen:* f Strich an der Stelle x_0)

2. Fassung: Die bei $x_0 \in D_f$ stetige Funktion $f\colon x \mapsto f(x)$ ist bei x_0 genau dann ableitbar, wenn es eine bei x_0 stetige Funktion f_1 gibt, so daß für alle $x \in D_f$ gilt:
$f(x) = f(x_0) + (x - x_0)\, f_1(x)$; $f'(x_0) = f_1(x_0)$ ist die (1.) Abltg. von f an der Stelle x_0.

$f'(x_0)$

Ableitung, Ableitungsfunktion

$f\colon x \mapsto f(x)$ heißt in einem offenen Intervall J ableitbar, wenn f an jeder Stelle $x \in J$ ableitbar ist.

Die Funktion $f'\colon x \mapsto f'(x)$, $x \in J$ heißt *Ableitungsfunktion* von f in J.

Andere Schreibweise für $f'(x)$: $\frac{\mathrm{d}f(x)}{\mathrm{d}x}$ (*gelesen:* df nach dx)

$f'(x)$

Höhere Ableitungen

Zweite Ableitung: $f''(x) = \big(f'(x)\big)'$; andere Schreibweise für $f''(x)$: $\frac{\mathrm{d}^2 f(x)}{\mathrm{d}x^2}$

n-te Ableitung: $f^{(n)}(x) = \big(f^{(n-1)}(x)\big)'$, $n \in \mathbb{N}^*$; $f^{(n)} = \frac{\mathrm{d}^n f(x)}{\mathrm{d}x^n}$

$f^{(n)}(x)$

Ableitungsregeln

Linearität $(f \pm g)' = f' \pm g'$; $(c\,f)' = c\,f'$ (c = konst.)

Produkt $(f g)' = f' g + f g'$

Quotient $\left(\frac{f}{g}\right)' = \frac{f' g - f g'}{g^2}$, $g(x) \neq 0$ für alle $x \in J$

Verkettung Für $v\colon u \mapsto v(u)$, $u\colon x \mapsto u(x)$ und $(v \circ u)\colon x \mapsto v\big(u(x)\big)$ gilt:
$(v \circ u)' = v'(u) \cdot u'(x)$ oder in anderer Schreibweise: $\frac{\mathrm{d}v}{\mathrm{d}x} = \frac{\mathrm{d}v}{\mathrm{d}u} \cdot \frac{\mathrm{d}u}{\mathrm{d}x}$

$(f \circ g)'$

Umkehrfunktion $f\colon x \mapsto f(x)$ habe die Umkehrfunktion $\overline{f}\colon y \mapsto \overline{f}(y) = x$;
wenn $y_0 = f(x_0)$ und $f'(x_0) \neq 0$, gilt: $\overline{f}'(y_0) = \frac{1}{f'(x_0)}$

Beispiel: $f\colon x \mapsto f(x) = y = x^2$; $x \in \mathbb{R}_+$; $\overline{f}\colon y \mapsto \overline{f}(y) = \sqrt{y}$

$\overline{f}'(y_0) = \frac{1}{2x_0} = \frac{1}{2\sqrt{y_0}}$ (Ableitung von $\overline{f}$ an der Stelle y_0)

Mittelwertsatz der Differentialrechnung

Wenn $f\colon x \mapsto f(x)$ stetig auf $[a, b]$ und ableitbar auf $]a, b[$, gibt es mindestens eine Stelle c mit $a < c < b$, so daß gilt: $\frac{f(b) - f(a)}{b - a} = f'(c)$

Sonderfall: Für $f(a) = f(b)$ ist $f'(c) = 0$ (Satz von ROLLE).

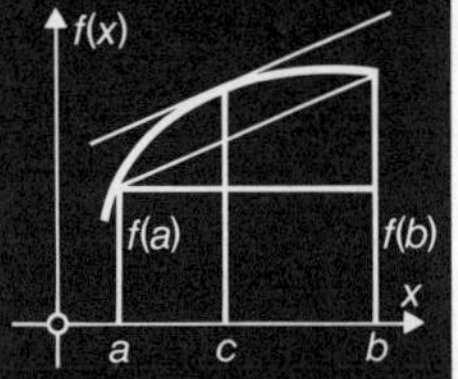

BERNOULLI-L'HOSPITALsche Regel

Sind f und g auf $D_f = D_g$ ableitbar, ist $a \in D_f$, $f(a) = g(a) = 0$, $\lim\limits_{x \to a} f'(x) = A$ und $\lim\limits_{x \to a} g'(x) = B \neq 0$, so gilt:

$$\lim_{x \to a} \frac{f(x)}{g(x)} = \frac{\lim\limits_{x \to a} f'(x)}{\lim\limits_{x \to a} g'(x)} = \frac{A}{B};$$

Beispiel: $\lim\limits_{x \to 0} \frac{x^2}{\sin x} = \frac{\lim\limits_{x \to 0} 2x}{\lim\limits_{x \to 0} \cos x} = \frac{0}{1} = 0$

Ableitungsfunktionen $f'(x)$ von $f(x)$

$f(x)$	$f'(x)$	$f(x)$	$f'(x)$	$f(x)$	$f'(x)$	$f(x)$	$f'(x)$
c	0	$\sin x$	$\cos x$	e^x	e^x	$\arcsin x$	$\frac{1}{\sqrt{1-x^2}}$
x^m	$m \cdot x^{m-1}$	$\cos x$	$-\sin x$	a^x	$a^x \cdot \ln a$	$\arccos x$	$-\frac{1}{\sqrt{1-x^2}}$
(für alle $m \in \mathbb{R}$) Spezialfall $m = \frac{1}{2}$:		$\tan x$	$\frac{1}{\cos^2 x}$ bzw. $\tan^2 x + 1$	$\ln x$	$\frac{1}{x}$	$\arctan x$	$\frac{1}{1+x^2}$
$\sqrt{x}$	$\frac{1}{2\sqrt{x}}$	$\cot x$	$-\frac{1}{\sin^2 x}$	$\log_a x$	$\frac{1}{x \cdot \ln a}$	$\operatorname{arccot} x$	$-\frac{1}{1+x^2}$

$f(x)$	$f'(x)$
⋮	⋮

Kurvenuntersuchung mit Hilfe von Ableitungen

Steigen / **Fallen** $f'(x) \begin{cases} > 0 \text{ in } J \\ < 0 \text{ in } J \end{cases} \Longrightarrow$ Kurve $\begin{cases} \textit{steigt} \text{ in } J \\ \textit{fällt} \text{ in } J \end{cases}$

$f'(a) = 0 \Longleftrightarrow$ Kurve hat *waagrechte Tangente* in $P\,(a\,|\,f(a))$

Hinreichende Bedingungen

Hochpunkt $f'(a) = 0$ und $f''(a) < 0 \Longrightarrow P\,(a\,|\,f(a))$ ist *Hochpunkt*

$f'(a) = 0$ und $f'(x)$ hat an der Stelle a Vorzeichenwechsel von + nach − $\Longrightarrow P\,(a\,|\,f(a))$ ist *Hochpunkt* ($f(a)$ ist relatives Maximum von f)

Tiefpunkt $f'(a) = 0$ und $f''(a) > 0 \Longrightarrow P\,(a\,|\,f(a)$ ist *Tiefpunkt*

$f'(a) = 0$ und $f'(x)$ hat an der Stelle a Vorzeichenwechsel von − nach + $\Longrightarrow P\,(a\,|\,f(a))$ ist *Tiefpunkt* ($f(a)$ ist relatives Minimum von f)

Wendepunkt $f''(a) = 0$ und $f'''(a) \neq 0 \Longrightarrow P\,(a\,|\,f(a))$ ist *Wendepunkt*

$f''(a) = 0$ und $f''(x)$ hat an der Stelle a einen Vorzeichenwechsel $\Longrightarrow P\,(a\,|\,f(a))$ ist *Wendepunkt*

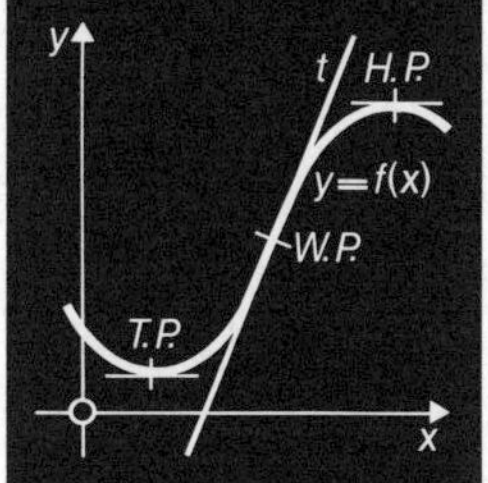

Anmerkung: Ein Kurvenpunkt heißt *Wendepunkt,* wenn in ihm „Rechtskrümmung" in „Linkskrümmung" oder „Linkskrümmung" in „Rechtskrümmung" übergeht.

Eine Kurve heißt in J „rechtsgekrümmt" („linksgekrümmt"), wenn für alle $x \in J$ gilt: $f''(x) < 0$ $(f''(x) > 0)$.

Krümmungskreis Radius: $\varrho = \dfrac{(1+y'^2)^{\frac{3}{2}}}{y''}$ $(y = f(x);\ y'' \neq 0)$

Mittelpunkt $M(x_M / y_M)$: $x_M = x - \dfrac{y'(1+y'^2)}{y''}$; $y_M = y + \dfrac{1+y'^2}{y''}$

Parameterdarstellung

$\begin{cases} x = \varphi(t) \\ y = \psi(t) \end{cases}$; $\varphi'(t) = \dfrac{d\varphi}{dt}$; $\psi'(t) = \dfrac{d\psi}{dt}$; $\dfrac{dy}{dx} = \dfrac{\psi'(t)}{\varphi'(t)}$; $\dfrac{d^2y}{dx^2} = \dfrac{\varphi'\,\psi'' - \psi'\,\varphi''}{(\varphi')^3}$

Polarkoordinaten $r = r(\varphi)$; $x = r\cos\varphi$; $y = r\sin\varphi$; $\tan\tau = \dfrac{r}{r'}$

$r' = \dfrac{dr}{d\varphi}$; $\dfrac{dy}{dx} = \dfrac{r'\sin\varphi + r\cos\varphi}{r'\cos\varphi - r\sin\varphi}$; $\dfrac{d^2y}{dx^2} = \dfrac{r^2+2r'^2-r\cdot r''}{(r'\cos\varphi - r\sin\varphi)^3}$

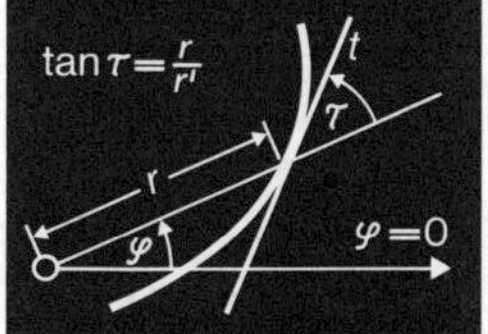

Näherungslösungen von Gleichungen $f(x) = 0$

Regula falsi:

$x_s = x_1 - y_1\,\dfrac{x_2 - x_1}{y_2 - y_1}$

$((f(x_1)\cdot f(x_2) < 0)$

NEWTONsches Verfahren:

$x_t = x_1 - \dfrac{f(x_1)}{f'(x_1)}$

$(f'(x_1) \neq 0;\ \ f(x_1)\cdot f''(x_1) > 0$ und Vorzeichen von $f''(x)$ wechselt nicht)

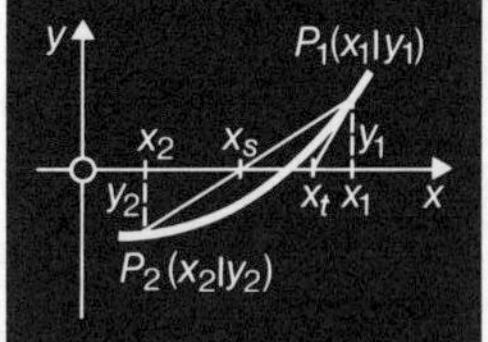

Iteration nach NEWTON

$x_{n+1} = x_n - \dfrac{f(x_n)}{f'(x_n)}$

Wenn $|f(x)\cdot f''(x)| < [f'(x)]^2$ für alle $x \in J = [a, b]$ ist, und $\overline{x} \in J$ mit $f(\overline{x}) = 0$ ist, dann strebt die Folge der x_n gegen eine Lösung $\overline{x}$ von $f(x) = 0$.

Allgemeines Iterationsverfahren

Vorarbeit: $f(x) = 0$ wird umgeformt zu $x = g(x)$ (Äquivalenzumformung)

$x_{n+1} = g(x_n)$

Wenn $x_0 \in J = [a; b]$, $g(x)$ stetig differenzierbar auf J, $|g'(x)| < 1$ auf J und die Funktion g das Intervall J *in* J abbildet, dann konvergiert die Folge der x_n gegen die Lösung $\overline{x} \in J$ von $f(x) = 0$.

Integralrechnung

Stammfunktion, Integralfunktion, Integral

Stammfunktion $F\colon x \mapsto F(x)$ mit $x \in J$ heißt Stammfunktion einer auf J definierten Funktion f, wenn für alle $x \in J$ gilt: $F'(x) = f(x)$.

Ist F Stammfunktion von f, dann ist dies auch $x \mapsto F(x) + c$ mit $c \in \mathbb{R}$.

Die Menge aller F heißt auch *unbestimmtes Integral* von f, *geschrieben:* $\int f(x)\,\mathrm{d}x$.

Integralfunktion $F_a\colon x \mapsto F_a(x) = \int\limits_a^x f(t)\,\mathrm{d}t = F(x) - F(a)$ heißt Integralfunktion von f auf J bzgl. a ($a, x, t \in J$; f stetig; F ist eine Stammfunktion von f).

Integral Es ist $\int\limits_a^b f(x)\,\mathrm{d}x = F(b) - F(a) = \left[F(x)\right]_a^b$, $a, b, x \in J$, f stetig auf J *(Hauptsatz)*

$F'(x) = f(x)$

$\int\limits_a^x f(t)\,dt$

$\int\limits_a^b f(x)\,dx$

f(x)	F(x)
:	:

Stammfunktionen $F(x)$ von $f(x)$

$f(x)$	$F(x)$	$f(x)$	$F(x)$
c	cx	$\sin x$	$-\cos x$
x^n	$\frac{x^{n+1}}{n+1}$ $(n \neq -1)$	$\sin^2 x$	$\frac{1}{2}(x - \sin x \cos x)$
$\frac{1}{x}$	$\ln\lvert x\rvert$ $(x \neq 0)$	$\frac{1}{\sin x}$	$\ln\left\lvert \tan\frac{x}{2}\right\rvert$
e^x	e^x	$\frac{1}{\sin^2 x}$	$-\cot x$
a^x	$\frac{a^x}{\ln a}$ $(a > 0,\ a \neq 1)$	$\frac{1}{1+\sin x}$	$\tan\left(\frac{x}{2} - \frac{\pi}{4}\right)$
$\ln x$	$x \cdot \ln x - x$ $(x > 0)$	$\frac{1}{1-\sin x}$	$-\cot\left(\frac{x}{2} - \frac{\pi}{4}\right)$
$\frac{1}{x-a}$	$\ln\lvert x-a\rvert$	$\cos x$	$\sin x$
$\frac{1}{(x-a)(x-b)}$	$\frac{1}{a-b}\ln\left\lvert\frac{x-a}{x-b}\right\rvert$ $(a \neq b)$	$\cos^2 x$	$\frac{1}{2}(x + \sin x \cos x)$
$\frac{1}{(x-a)^2}$	$-\frac{1}{x-a}$	$\frac{1}{\cos x}$	$\ln\left\lvert\tan\left(\frac{x}{2} + \frac{\pi}{4}\right)\right\rvert$
$\frac{1}{x^2-a^2}$	$\frac{1}{2a}\ln\frac{x-a}{x+a}$ $(\lvert x\rvert > \lvert a\rvert)$	$\frac{1}{\cos^2 x}$	$\tan x$
$\frac{1}{a^2-x^2}$	$\frac{1}{2a}\ln\frac{a+x}{a-x}$ $(\lvert x\rvert < \lvert a\rvert)$	$\frac{1}{1+\cos x}$	$\tan\frac{x}{2}$
$\frac{1}{a^2+x^2}$	$\frac{1}{a}\arctan\frac{x}{a}$	$\frac{1}{1-\cos x}$	$-\cot\frac{x}{2}$
$\sqrt{ax+b}$	$\frac{2}{3a}\sqrt{(ax+b)^3}$	$\tan x$	$-\ln\lvert\cos x\rvert$
$\frac{1}{\sqrt{ax+b}}$	$\frac{2}{a}\sqrt{ax+b}$	$\tan^2 x$	$\tan x - x$
$\sqrt{x^2-a^2}$	$\frac{x}{2}\sqrt{x^2-a^2} - \frac{a^2}{2}\ln\lvert x+\sqrt{x^2-a^2}\rvert$	$\cot x$	$\ln\lvert\sin x\rvert$
$\frac{1}{\sqrt{x^2-a^2}}$	$\ln\lvert x+\sqrt{x^2-a^2}\rvert$	$\arcsin x$	$x \cdot \arcsin x + \sqrt{1-x^2}$
$\sqrt{a^2-x^2}$	$\frac{x}{2}\sqrt{a^2-x^2} + \frac{a^2}{2}\arcsin\frac{x}{a}$	$\arccos x$	$x \cdot \arccos x - \sqrt{1-x^2}$
$\frac{1}{\sqrt{a^2-x^2}}$	$\arcsin\frac{x}{a}$	$\arctan x$	$x \cdot \arctan x - \frac{1}{2}\ln(x^2+1)$
$e^{ax}\sin bx$	$\frac{e^{ax}}{a^2+b^2}(a\sin bx - b\cos bx)$	$e^{ax}\cos bx$	$\frac{e^{ax}}{a^2+b^2}(a\cos bx + b\sin bx)$

Sätze über Integrale ($a, b, c \in D$; $k \in \mathbb{R}$)

Bereich $\int_a^b f(x)\,dx = -\int_b^a f(x)\,dx$; $\int_a^b f(x)\,dx + \int_b^c f(x)\,dx = \int_a^c f(x)\,dx$

Linearität $\int_a^b (f(x) \pm g(x))\,dx = \int_a^b f(x)\,dx \pm \int_a^b g(x)\,dx$; $\int_a^b k f(x)\,dx = k \int_a^b f(x)\,dx$

Produkt-integration $\int_a^b u'(x)\,v(x)\,dx = \big[u(x)\,v(x)\big]_a^b - \int_a^b u(x)\,v'(x)\,dx$ *(Partielle Integration)*

Sub-stitution $\int_a^b f(g(x)) \cdot g'(x)\,dx = \int_{g(a)}^{g(b)} f(z)\,dz$; *Sonderfall:* $\int_a^b \frac{f'(x)}{f(x)}\,dx = \big[\ln|f(x)|\big]_a^b$

mit $z = g(x)$, $z' = g'(x) = \frac{dz}{dx}$

– *lineare* $\int_a^b f(px+q)\,dx = \left[\frac{1}{p} F(z)\right]_{pa+q}^{pb+q} = \left[\frac{1}{p} F(px+q)\right]_a^b$, $(p \neq 0)$

mit $z = px+q$, $z' = p$ F: Stammfunktion von f

Mittelwert-satz $\int_a^b f(x)\,dx = (b-a) \cdot f(c)$ mit $a < c < b$, wenn $f(x)$ stetig auf $[a, b]$

Existenzsatz Für jede auf $[a, b]$ stetige (oder monotone) Funktion $x \mapsto f(x)$ existiert

$F(x) = \int_c^x f(x)\,dx$ mit $F'(x) = f(x)$ und $F(c) = 0$ mit $a < c < b$.

$\int_a^b f(x)\,dx$

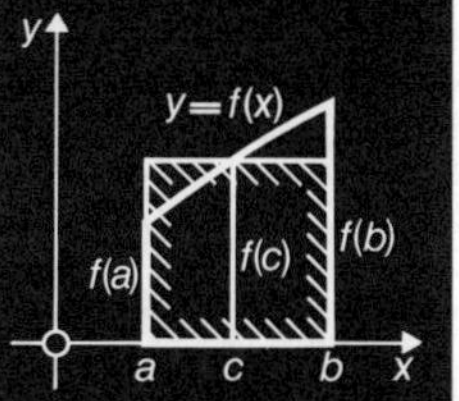

Fläche, Volumen, Oberfläche, Bogenlänge

Ebene Flächen zwischen Schaubild von $y = f(x)$ und x-Achse: ($f(x) \geqq 0$ für $x \in [x_1, x_2]$)

$A = \int_{x_1}^{x_2} f(x)\,dx$

zwischen Schaubild von $x = g(y)$ und y-Achse: ($g(y) \geqq 0$ für $y \in [y_1, y_2]$)

$\overline{A} = \int_{y_1}^{y_2} g(y)\,dy$

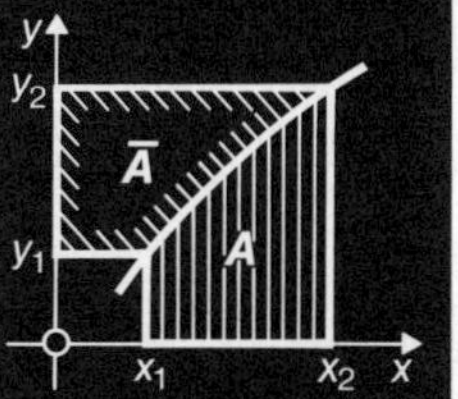

Fläche des Sektors (Parameterdarstellung, Polarkoordinaten)

$S = \frac{1}{2} \int_{t_1}^{t_2} (\varphi\,\psi' - \varphi'\,\psi)\,dt = \frac{1}{2} \int_{\varphi_1}^{\varphi_2} r^2\,d\varphi$

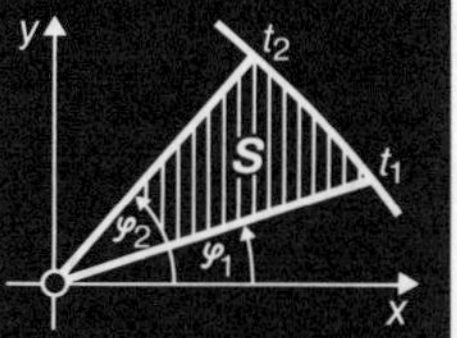

Volumen, Oberfläche bei Drehung des Schaubilds von

	$y = f(x)$ um die x-Achse:	$x = g(y)$ um die y-Achse:
Volumen:	$V = \pi \int_{x_1}^{x_2} y^2\,dx$	$\overline{V} = \pi \int_{y_1}^{y_2} x^2\,dy$
Mantel:	$M = 2\pi \int_{x_1}^{x_2} y\sqrt{1+y'^2}\,dx$	$\overline{M} = 2\pi \int_{y_1}^{y_2} x\sqrt{1+x'^2}\,dy$

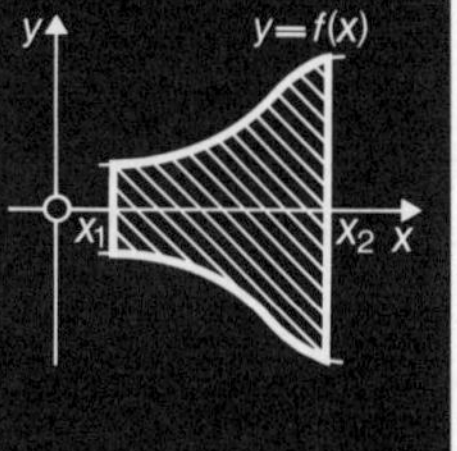

Bogenlänge $l = \int_{x_1}^{x_2} \sqrt{1+y'^2}\,dx = \int_{t_1}^{t_2} \sqrt{\varphi'^2+\psi'^2}\,dt = \int_{\varphi_1}^{\varphi_2} \sqrt{r^2+r'^2}\,d\varphi$

(Kurvengleichung: $y = f(x)$ bzw. $x = \varphi(t) \wedge y = \psi(t)$ bzw. $r = r(\varphi)$)

Numerische Integration

Intervall $[a, b]$ in $2m$ gleiche Teile mit der Breite $h = \frac{b-a}{2m}$ teilen.

$x_0 = a,\ x_1 = a+h,\ x_2 = a+2h,\ \ldots,\ x_{2m} = b; \quad y_k = f(x_k)$

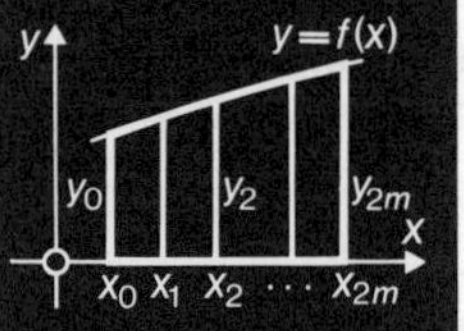

Tangenten-Formel

$$\int_a^b f(x)\,dx \approx 2h(y_1 + y_3 + y_5 + \cdots + y_{2m-1})$$

KEPLERsche Faßregel

$$\int_a^b f(x)\,dx \approx \frac{b-a}{6}(y_0 + 4y_1 + y_2)$$

$$y_0 = f(a); \quad y_1 = f\left(\frac{a+b}{2}\right); \quad y_2 = f(b)$$

SIMPSONsche Formel

$$\int_a^b f(x)\,dx \approx \frac{h}{3}\Big[y_0 + y_{2m} + 2(y_2 + y_4 + \cdots + y_{2m-2}) + 4(y_1 + y_3 + \cdots + y_{2m-1})\Big]$$

Differentialgleichungen, Hyperbelfunktionen

Lineare Differentialgleichungen mit konstanten Koeffizienten

Differentialgleichung — **Lösung** (a, b, c reelle Konstanten)

$f'(x) + a f(x) = 0$ für alle $x \in \mathbb{R}$: $f(x) = c\,e^{-ax}$

$f'(x) + a f(x) = g(x)$, $g(x)$ stetig: $f(x) = e^{-ax}\left(c + \int_0^x g(x)\,e^{ax}\,dx\right)$; $f(0) = c$

$f''(x) + a f'(x) + b f(x) = 0$ für alle $x \in \mathbb{R}$

a) $a^2 - 4b > 0$ mit $r_{1;2} = \frac{-a \pm \sqrt{a^2-4b}}{2}$; $\quad f(x) = c_1 e^{r_1 x} + c_2 e^{r_2 x}$

b) $a^2 - 4b = 0$ $\quad f(x) = e^{-\frac{a}{2}x}(c_1 + c_2 x)$

c) $a^2 - 4b < 0$ mit $k = \sqrt{b - \frac{a^2}{4}}$; $\quad f(x) = e^{-\frac{a}{2}x}(c_1 \cos kx + c_2 \sin kx)$

$A = \sqrt{c_1^2 + c_2^2} \neq 0$; $\tan\varphi = \frac{c_1}{c_2}$; $\quad = A\,e^{-\frac{a}{2}x} \sin(kx + \varphi)$

f' + a f = 0

Hyperbel- und Areafunktionen

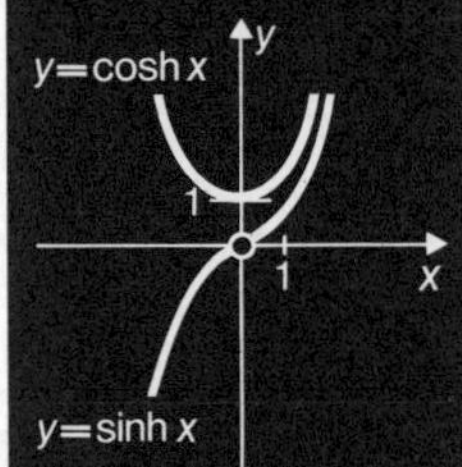

$\sinh x = \frac{e^x - e^{-x}}{2}$ $\qquad \cosh x = \frac{e^x + e^{-x}}{2}$ (Kettenlinie)

$\tanh x = \frac{e^x - e^{-x}}{e^x + e^{-x}} = \frac{e^{2x} - 1}{e^{2x} + 1}$ $\qquad \coth x = \frac{e^x + e^{-x}}{e^x - e^{-x}} = \frac{e^{2x} + 1}{e^{2x} - 1}$

$\cosh^2 x - \sinh^2 x = 1$ $\qquad \cosh^2 x + \sinh^2 x = \cosh 2x$

$\sinh 2x = 2\cosh x \cdot \sinh x$ $\qquad \tanh x = \frac{\sinh x}{\cosh x}$

$\operatorname{arsinh} x = \ln(x + \sqrt{x^2+1})$ $\qquad \operatorname{arcosh} x = \ln(x + \sqrt{x^2-1})$ $\quad (|x| \geqq 1)$

$\operatorname{artanh} x = \frac{1}{2}\ln\frac{1+x}{1-x}$ $\quad (|x| < 1)$ $\qquad \operatorname{arcoth} x = \frac{1}{2}\ln\frac{x+1}{x-1}$ $\quad (|x| > 1)$

$\sinh y = x \iff y = \operatorname{arsinh} x$ $\qquad$ entsprechend $y = \operatorname{artanh} x$ usw. (Hauptwerte)

$f(x)$	$f'(x)$	$f(x)$	$f'(x)$	$f(x)$	$f'(x)$	$f(x)$	$f'(x)$
$\sinh x$	$\cosh x$	$\tanh x$	$\frac{1}{\cosh^2 x}$	$\operatorname{arsinh} x$	$\frac{1}{\sqrt{x^2+1}}$	$\operatorname{artanh} x$	$\frac{1}{1-x^2}$ $\quad (\lvert x\rvert < 1)$
$\cosh x$	$\sinh x$	$\coth x$	$-\frac{1}{\sinh^2 x}$	$\operatorname{arcosh} x$	$\frac{1}{\sqrt{x^2-1}}$	$\operatorname{arcoth} x$	$\frac{1}{1-x^2}$ $\quad (\lvert x\rvert > 1)$

Unendliche Reihen

Konvergenzkriterien

Notwendige Konvergenzbedingung für $a_1 + \cdots + a_n + \cdots = \sum_{n=1}^{\infty} a_n$ ist: $\lim_{n\to\infty} a_n = 0$

Hinreichende Konvergenzbedingungen

1) Für Reihen mit nur positiven Gliedern:

1) $a_n \leqq b_n$ und $\sum_{1}^{\infty} b_n$ konvergiert (Majorantenkriterium)

2) $\lim_{n\to\infty} \frac{a_{n+1}}{a_n} \leqq q < 1$ (Quotientenkriterium) 3) $\lim_{n\to\infty} \sqrt[n]{a_n} < 1$ (Wurzelkriterium)

2) Für alternierende Reihen:

$\lim_{n\to\infty} a_n = 0$ und $|a_{n+1}| < |a_n|$ (LEIBNIZsches Kriterium)

$$\sum_{n=1}^{\infty} a_n$$

Potenzreihenentwicklung

TAYLORsche Formel

MACLAURINsche Form

$$f(x) = f(0) + \frac{f'(0)}{1!}x + \frac{f''(0)}{2!}x^2 + \cdots + \frac{f^{(n)}(0)}{n!}x^n + R_n(x)$$

$$R_n(x) = \frac{x^{n+1}}{(n+1)!} f^{(n+1)}(\vartheta x)$$ wobei $0 < \vartheta < 1$ (Restglied von LAGRANGE)

Allgemeine Form

$$f(x_0+h) = f(x_0) + \frac{f'(x_0)}{1!}h + \frac{f''(x_0)}{2!}h^2 + \cdots + \frac{f^{(n)}(x_0)}{n!}h^n + R_n(h)$$

$$R_n(h) = \frac{1}{n!}\int_{x_0}^{x_0+h} (x_0+h-x)^n \cdot f^{(n+1)}(x)\,dx$$ (Restglied in Integralform)

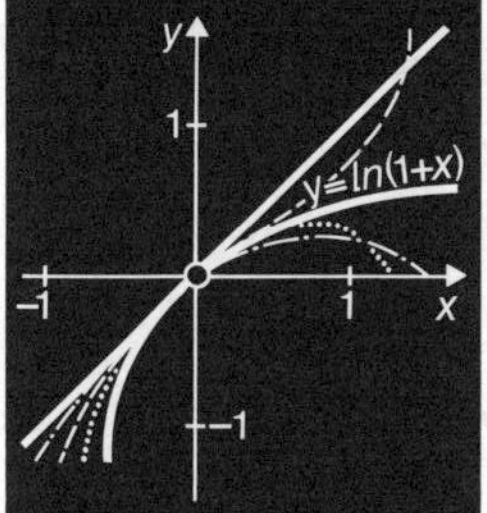

$\frac{1}{1+x} = 1 - x + x^2 - x^3 + - \cdots$	$\lvert x\rvert < 1$
$(1+x)^m = 1 + \binom{m}{1}x + \binom{m}{2}x^2 + \binom{m}{3}x^3 + \cdots$	$\lvert x\rvert < 1$ (m beliebig)
$\frac{1}{\sqrt{1+x}} = 1 - \frac{1}{2}x + \frac{3}{8}x^2 - \frac{5}{16}x^3 + \frac{35}{128}x^4 - + \cdots$	$\lvert x\rvert < 1$
$e^x = 1 + \frac{x}{1!} + \frac{x^2}{2!} + \frac{x^3}{3!} + \cdots$	für alle x
$\ln(1+x) = x - \frac{x^2}{2} + \frac{x^3}{3} - \frac{x^4}{4} + - \cdots$	$-1 < x \leqq +1$
$\ln x = 2 \cdot \left[\left(\frac{x-1}{x+1}\right) + \frac{1}{3}\left(\frac{x-1}{x+1}\right)^3 + \frac{1}{5}\left(\frac{x-1}{x+1}\right)^5 + \cdots\right]$	$x > 0$
$\sin x = \frac{x}{1!} - \frac{x^3}{3!} + \frac{x^5}{5!} - \frac{x^7}{7!} + - \cdots$	für alle x
$\cos x = 1 - \frac{x^2}{2!} + \frac{x^4}{4!} - \frac{x^6}{6!} + - \cdots$	für alle x
$\tan x = x + \frac{1}{3}x^3 + \frac{2}{15}x^5 + \frac{17}{315}x^7 + \frac{62}{2835}x^9 + \cdots$	für $\lvert x\rvert < \frac{\pi}{2}$
$\cot x = \frac{1}{x} - \frac{1}{3}x - \frac{1}{45}x^3 - \frac{2}{945}x^5 - \frac{1}{4725}x^7 - \cdots$	für $0 < \lvert x\rvert < \pi$
$\arcsin x = x + \frac{1}{2} \cdot \frac{x^3}{3} + \frac{1 \cdot 3}{2 \cdot 4} \cdot \frac{x^5}{5} + \frac{1 \cdot 3 \cdot 5}{2 \cdot 4 \cdot 6} \cdot \frac{x^7}{7} + \cdots$	$\lvert x\rvert \leqq 1$
$\arctan x = x - \frac{x^3}{3} + \frac{x^5}{5} - \frac{x^7}{7} + - \cdots$	$\lvert x\rvert \leqq 1$

$$\sum_{n=0}^{\infty} a_n x^n$$

Beschreibende Statistik (Elementare Statistik s. S. 3)

Häufigkeit und Maßzahlen der beschreibenden Statistik

Bezeichnungen Ausprägungen des quantitativen Merkmals: $e_1, e_2, \ldots, e_k$
Ermittelte Stichprobenwerte: $x_1, x_2, \ldots, x_n$

Absolute Häufigkeit n_i Ausprägung e_i tritt n_i-mal auf; $i = 1, 2, \ldots, k$ — n_i

Relative Häufigkeit h_i $h_i = \frac{n_i}{n}$; $\sum_{i=1}^{k} h_i = 1$; $\sum_{i=1}^{k} n_i = n$ — h_i

Mittelwert (arithm. Mittel) $\bar{x} = \frac{1}{n}\sum_{i=1}^{n} x_i = \frac{1}{n}\sum_{i=1}^{k} e_i n_i = \sum_{i=1}^{k} e_i h_i$

Varianz (Streuung) $\bar{s}^2 = \frac{1}{n}\sum_{i=1}^{n}(x_i-\bar{x})^2 = \frac{1}{n}\sum_{i=1}^{k}(e_i-\bar{x})^2 n_i = \sum_{i=1}^{k}(e_i-\bar{x})^2 h_i$ — $\bar{s}^2$

Prakt. Berechnung: $\bar{s}^2 = \frac{1}{n}\left[\sum_{i=1}^{n} x_i^2 - \frac{1}{n}\left(\sum_{i=1}^{n} x_i\right)^2\right] = \frac{1}{n}\left[\sum_{i=1}^{k} e_i^2 n_i - \frac{1}{n}\left(\sum_{i=1}^{k} e_i n_i\right)^2\right]$

Standardabweichung $\bar{s} = \sqrt{\bar{s}^2}$ — $\bar{s}$

Klassenbildung Einteilung der n Stichprobenwerte in r Klassen $k_1, k_2, \ldots, k_r$

mit den Klassenmitten $m_1, m_2, \ldots, m_r$: $\bar{x} \approx \frac{1}{n}\sum_{i=1}^{r} m_i n_i$; $\bar{s}^2 \approx \frac{1}{n}\cdot\sum_{i=1}^{r}(m_i-\bar{x})^2 n_i$

Wahrscheinlichkeitsrechnung (Stochastik)

Kombinatorik

Produktregel Wenn die Abzählung von möglichen Anordnungen (Experimenten) in r Teilschritte mit $n_1, n_2, \ldots, n_r$ Möglichkeiten zerlegt werden kann, dann ist die Gesamtzahl der Möglichkeiten $n = n_1 \cdot n_2 \cdot \ldots \cdot n_r$.

Beispiel: Mit 3 Hüten, 6 Kleidern und 4 Mänteln hat man $n = 3 \cdot 6 \cdot 4 = 72$ verschiedene Möglichkeiten, diese Kleidungsstücke zu kombinieren.

Stichproben

Urnenmodell Gegeben sei eine Urne mit n unterscheidbaren Kugeln ($n \in \mathbb{N}^*$), aus der nach einer bestimmten Vorschrift Kugeln nacheinander gezogen werden. Gesucht ist die Anzahl der verschiedenen Möglichkeiten, die es beim Ziehen der Kugeln gibt.

Anzahl der Möglichkeiten	*ohne Zurücklegen* ($k \leqq n$)	mit Zurücklegen ($k \in \mathbb{N}^*$)	
Geordnete Stichprobe mit Ziehen von k Kugeln (Variationen, Anzahl V)	$V_{oz} = \frac{n!}{(n-k)!}$	$V_{mz} = n^k$	V_{oz}, V_{mz}
z. B. $n = 3$ Kugeln a, b, c; $k = 2$	$V_{oz} = 3!:1! = 6$, nämlich *ab, ac, ba, bc, ca, cb.*	$V_{mz} = 3^2 = 9$, nämlich *aa, ab, ac, ba, bb, bc, ca, cb, cc.*	
Geordnete Stichprobe mit Ziehen von n Kugeln (Permutationen, Anzahl P)	Vollerhebung $P_{oz} = n!$	Kugel i wird genau k_i-mal gezogen; es ist $k_1 + \ldots + k_n = k$. $P_{mz} = \frac{k!}{k_1! \cdot \ldots \cdot k_n!}$	P_{oz}, P_{mz}
z. B. $n = 3$ Kugeln a, b, c	$P_{oz} = 3! = 6$, nämlich *abc, acb, bac, bca, cab, cba.*	$k_a = 2, k_b = 1, k_c = 0; k = n = 3$; $P_{mz} = 3!:(2!\cdot 1!\cdot 0!) = 3$, nämlich *aab, aba, baa.*	
Ungeordnete Stichprobe mit Ziehen von k Kugeln (Kombinationen, Anzahl K)	$K_{oz} = \binom{n}{k} = \frac{n!}{k!\,(n-k)!}$	$K_{mz} = \binom{n+k-1}{k} = \frac{(n+k-1)!}{k!\,(n-1)!}$	K_{oz}, K_{mz}
z. B. $n = 3$ Kugeln a, b, c; $k = 2$	$K_{oz} = 3!:(2!\cdot 1!) = 3$, nämlich *ab, ac, bc.*	$K_{mz} = 4!:(2!\cdot 2!) = 6$, nämlich *aa, ab, ac, bb, bc, cc.*	

Ereignisse

Bezeichnungen Bei jeder Durchführung eines Zufallsexperiments tritt genau eines der Ergebnisse (Ausgänge) $e_1, \ldots, e_k$ ein; Ergebnismenge ist $S = \{e_1, \ldots, e_k\}$.

$A \subseteq S$ Jede Teilmenge A von S heißt ein Ereignis über S. Das Ereignis A ist eingetreten, wenn $e_i \in A$ und e_i Ergebnis des Experiments ist $(i = 1, \ldots, k)$.
Unmögliches Ereignis: $\emptyset$; *Sicheres Ereignis:* S.

$A \cap B = \emptyset$ Die Ereignisse A und B schließen sich aus (sind disjunkt oder unvereinbar); A und B können nicht gleichzeitig eintreten.

$B \subset A$ B ist Teilereignis von A; mit B tritt gleichzeitig auch A ein.

$\overline{A}$ $\overline{A}$ ist das Gegenereignis von A; $\overline{A}$ tritt ein, wenn A nicht eintritt.
Es ist $A \cup \overline{A} = S$, $A \cap \overline{A} = \emptyset$.

$A \cup B$ *A oder B* tritt ein, wenn mindestens eines der Ereignisse A, B eintritt.

$A \cap B$ *A und B* tritt ein, wenn sowohl A als auch B eintritt.

$\overline{A} \cup \overline{B}$ *$\overline{A}$ oder $\overline{B}$* tritt ein, wenn nicht beide Ereignisse A, B eintreten.

$\overline{A} \cap \overline{B}$ *Weder A noch B* tritt ein, wenn keines der beiden Ereignisse A, B eintritt.

$A \cap \overline{B} = A \setminus B$ *A ohne B* tritt ein, wenn A eintritt und gleichzeitig B nicht eintritt.

$(A \cap \overline{B}) \cup (\overline{A} \cap B)$ *Entweder A oder B* tritt ein, wenn genau eines der beiden Ereignisse A, B eintritt.

$E_i = \{e_i\}$ Ein Ereignis, das nur *ein* Element e_i aus S enthält, heißt Elementarereignis (einelementiges Ereignis): $E_i = \{e_i\}$ mit $i = 1, \ldots, k$.

BERNOULLI-Experiment Ein Zufallsexperiment heißt BERNOULLI-Experiment, wenn es genau zwei Ergebnisse e_1, e_2 hat; seine Ergebnismenge ist also $S = \{e_1, e_2\}$.

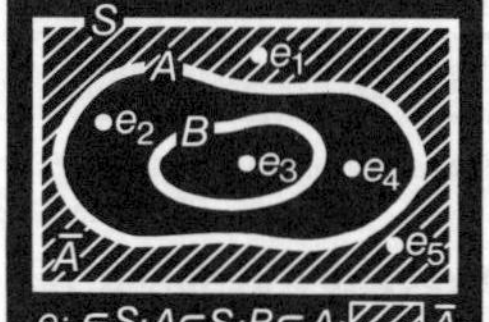

$e_i \in S; A \subset S; B \subset A;$ ▨ $\overline{A}$

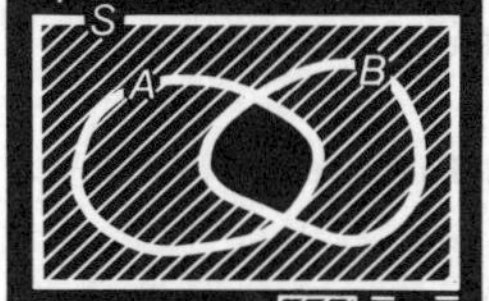

▨ $\overline{A} \cup \overline{B}$

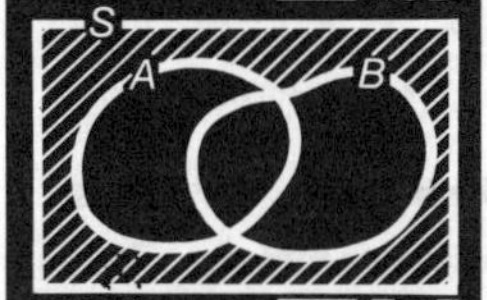

▨ $\overline{A} \cap \overline{B}$

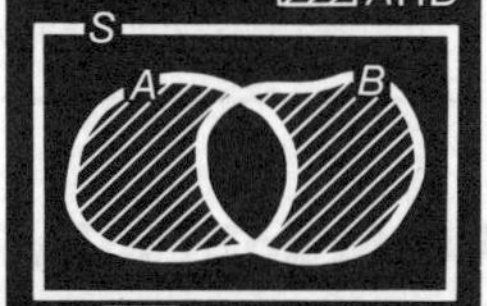

▨ $(A \cap \overline{B}) \cup (\overline{A} \cap B)$

Grundlagen der Wahrscheinlichkeitsrechnung

Zugrundegelegt werden: Ergebnismenge $S = \{e_1, \ldots, e_k\}$;
Ereignisse $A \subseteq S$, $B \subseteq S$, $E_i = \{e_i\}$

Wahrscheinlichkeitsfunktion

Eine Funktion P, die jedem der Ergebnisse $e_1, \ldots, e_k$ eines Zufallsexperiments eine reelle Zahl $P(e_i)$ zuordnet, heißt Wahrscheinlichkeitsfunktion (Wahrscheinlichkeitsverteilung), wenn die folgenden Axiome gelten:

P(A)

Axiome
1) $P(e_i) \geqq 0, \quad i = 1, \ldots, k$
2) $P(e_1) + \ldots + P(e_k) = 1$
3) $P(A) = P(e_r) + \ldots + P(e_s)$, wenn $A = \{e_r, \ldots, e_s\} \subseteq S$ ist.

$P(A)$ ist die Wahrscheinlichkeit des Ereignisses A; $P(e_i)$ ist Kurzform für $P(\{e_i\})$.

Folgerungen: $0 \leqq P(A) \leqq 1$; $P(\overline{A}) = 1 - P(A)$; $P(\emptyset) = 0$

LAPLACE-Experiment Ein Zufallsexperiment heißt LAPLACE-Experiment, wenn alle Ergebnisse dieselbe Wahrscheinlichkeit $P(e_i) = \frac{1}{k}$ haben (Gleichverteilung).

Additionssatz

P(A∪B)

A, B: $P(A \cup B) = P(A) + P(B) - P(A \cap B)$

A, B, C: $P(A \cup B \cup C) = P(A) + P(B) + P(C) - P(A \cap B) - P(A \cap C) - P(B \cap C) + P(A \cap B \cap C)$

Bedingte Wahrscheinlichkeit $P_A(B)$ ist die Wahrscheinlichkeit dafür, daß B eintritt unter der Bedingung, daß A mit $P(A) \neq 0$ bereits eingetreten ist; es ist:

$P_A(B)$

$$P_A(B) = \frac{P(A \cap B)}{P(A)}, \quad P(A) \neq 0;$$ andere Schreibweise für $P_A(B)$ ist $P(B \mid A)$.

P(A∩B)

Multiplikationssatz
A, B: $P(A \cap B) = P(A) \cdot P_A(B) = P(B) \cdot P_B(A)$
A, B, C: $P(A \cap B \cap C) = P(A) \cdot P_A(B) \cdot P_{A \cap B}(C)$ (mit zykl. Vertauschung)

Unabhängigkeit von Ereignissen, Totale Wahrscheinlichkeit

Unabhängigkeit von Ereignissen

Zwei Ereignisse A, B heißen genau dann unabhängig, wenn $P(A \cap B) = P(A) \cdot P(B)$ ist. Wenn A, B unabhängig sind, dann sind auch $\overline{A}$, B und A, $\overline{B}$ und $\overline{A}$, $\overline{B}$ unabhängig.

Drei Ereignisse A, B, C heißen genau dann unabhängig, wenn A, B, C paarweise unabhängig sind und $P(A \cap B \cap C) = P(A) \cdot P(B) \cdot P(C)$ ist.

Multiplikationssatz für unabhängige Ereignisse $A_1, A_2, \ldots, A_n$

$$P(A_1 \cap A_2 \cap \ldots \cap A_n) = P(A_1) \cdot P(A_2) \cdot \ldots \cdot P(A_n)$$

Totale Wahrscheinlichkeit

Wahrscheinlichkeit $P(B)$ für ein beliebiges Ereignis $B \subseteq S$:

$$P(B) = P(A_1) \cdot P_{A_1}(B) + P(A_2) \cdot P_{A_2}(B) + \ldots + P(A_m) \cdot P_{A_m}(B), \text{ wenn}$$

$$A_1 \cup \ldots \cup A_m = S;\ A_i \cap A_j = \emptyset\ (i \neq j);\ A_i \neq \emptyset;\ P(A_i) > 0\ (i, j = 1, 2, \ldots, m)$$

Sonderfall für Ereignis A, Gegenereignis $\overline{A}$, beliebiges Ereignis B:

$$P(B) = P(A) \cdot P_A(B) + P(\overline{A}) \cdot P_{\overline{A}}(B), \text{ wenn } P(A) \neq 0,\ P(\overline{A}) \neq 0$$

Beispiel (s. Baumdiagramm): $P(B) = 0{,}6 \cdot 0{,}8 + 0{,}4 \cdot 0{,}1 = 0{,}48 + 0{,}04 = 0{,}52$

Satz von BAYES

$$P_B(A_i) = \frac{P(A_i) \cdot P_{A_i}(B)}{P(A_1) \cdot P_{A_1}(B) + P(A_2) \cdot P_{A_2}(B) + \ldots + P(A_m) \cdot P_{A_m}(B)}, \text{ wenn}$$

$$A_1 \cup \ldots \cup A_m = S;\ A_i \cap A_j = \emptyset\ (i \neq j);\ A_i \neq \emptyset;\ P(A_i) > 0\ (i, j = 1, 2, \ldots, m)$$

$P(B)$

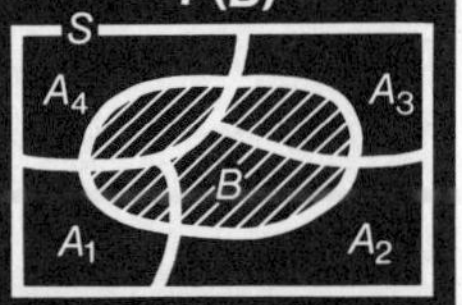

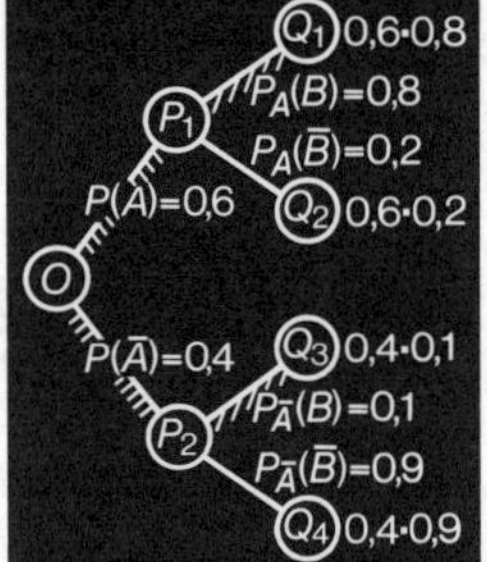

$P_B(A_i)$

Wahrscheinlichkeits- und Verteilungsfunktion

Zufallsvariable X, Y, Z, T oder $X_1, \ldots, X_n$

Eine Abbildung $X: S \to \mathbb{R}$, die jedem Ergebnis e_i eines Zufallsexperiments eine reelle Zahl zuordnet, heißt Zufallsvariable oder Zufallsgröße.

Das Ereignis $\{e_i | X(e_i) = x_i\}$ wird kurz mit $X = x_i$ bezeichnet (X nimmt x_i an).

BERNOULLI-Variable heißt eine Zufallsvariable, wenn sie beim einen der beiden Ausgänge eines BERNOULLI-Experiments den Wert 1, beim andern den Wert 0 annimmt.

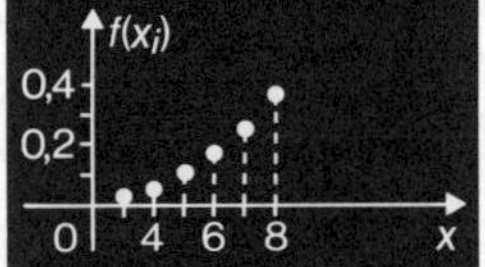

Diskrete Verteilung

Wahrscheinlichkeitsfunktion f

$f: x_i \mapsto f(x_i);\ f(x_i) = P(X = x_i)$

mit $f(x_i) \geqq 0$ und $\sum\limits_{i=1}^{n} f(x_i) = 1$

Verteilungsfunktion F

$F: x_i \mapsto F(x);\ F(x) = P(X \leqq x) = \sum\limits_{x_i \leqq x} f(x_i)$

Stetige Verteilung

Dichtefunktion f

f ist über $\mathbb{R}$ integrierbar mit

$f(x) \geqq 0$ und $\int\limits_{-\infty}^{\infty} f(x)\,dx = 1$

Verteilungsfunktion F

$F: x \mapsto F(x);\ F(x) = P(X \leqq x) = \int\limits_{-\infty}^{x} f(t)\,dt$

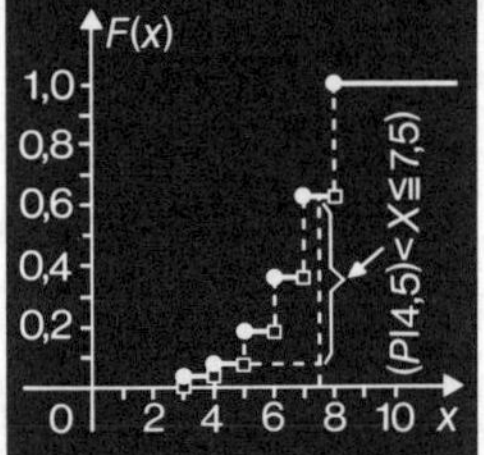

$$P(X > x) = 1 - P(X \leqq x);\quad P(a < X \leqq b) = F(b) - F(a)$$

Erwartungswert $E(X) = \mu$; **Varianz** $V(X) = \sigma^2$; **Standardabweichung** $\sigma = \sqrt{\sigma^2}$

Diskret:

$$E(X) = \mu = \sum_{i=1}^{n} x_i \cdot f(x_i)$$

$$V(X) = \sigma^2 = \sum_{i=1}^{n} (x_i - \mu)^2 f(x_i)$$

$$= E(X-\mu)^2 = E(X^2) - \mu^2$$

Stetig:

$$E(X) = \mu = \int_{-\infty}^{+\infty} x \cdot f(x)\,dx$$

$$V(X) = \sigma^2 = \int_{-\infty}^{+\infty} (x-\mu)^2 f(x)\,dx$$

$$= E(X-\mu)^2 = E(X^2) - \mu^2$$

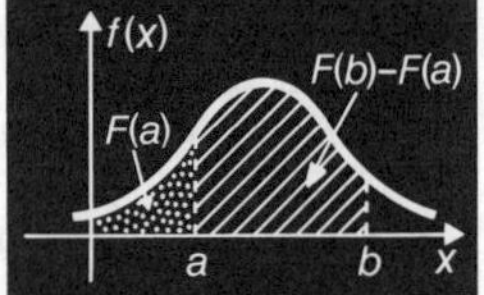

Verschiebungssatz $(a \in \mathbb{R})$

$$V(X) = \sum_{i=1}^{n} (x_i - a)^2 \cdot f(x_i) - (\mu - a)^2$$

$$V(x) = \int_{-\infty}^{+\infty} (x-a)^2 f(x)\,dx - (\mu - a)^2$$

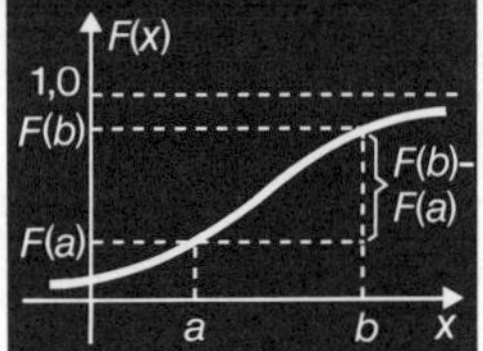

Transformationen, Standardisierung

Transformationen

Bei *Erwartungswerten:* $E(aX+b) = a \cdot E(X) + b;\quad E(X+Y) = E(X) + E(Y)$

$E(X_1 + X_2 + \cdots + X_n) = E(X_1) + E(X_2) + \cdots + E(X_n)$

Bei *Varianzen:* $V(aX+b) = a^2 V(X)$

Wenn X, Y unabhängig, dann gilt: $E(X \cdot Y) = E(X) \cdot E(Y);\quad V(X+Y) = V(X) + V(Y)$

Wenn X_i unabhängig, dann gilt: $V(X_1 + \cdots + X_n) = V(X_1) + \cdots + V(X_n)$

Standardisierung: Ist $E(x) = \mu$, $V(x) = \sigma^2$, dann gilt für die *standardisierte Zufallsvariable* $Z = \frac{X-\mu}{\sigma}$; $E(Z) = 0$; $V(Z) = 1$

E(aX+b)

V(aX+b)

Hypergeometrische Verteilung

Urnenmodell Einer Urne mit N Kugeln, darunter r roten, werden **ohne Zurücklegen** n Kugeln entnommen. Die Zufallsvariable X gibt die Anzahl der gezogenen roten Kugeln (Anzahl der Treffer) an, kann also die Werte $k = 0, 1, \ldots, \text{Min}(r, n)$ annehmen.

Funktion $k \mapsto P(X = k) = \dfrac{\binom{r}{k} \cdot \binom{N-r}{n-k}}{\binom{N}{n}} = f_H(k; N; r; n)$

Maßzahlen Mit $p = \frac{r}{N}$, $q = 1 - p$: $E(X) = \mu = np$; $V(X) = \sigma^2 = npq \cdot \frac{N-n}{N-1}$

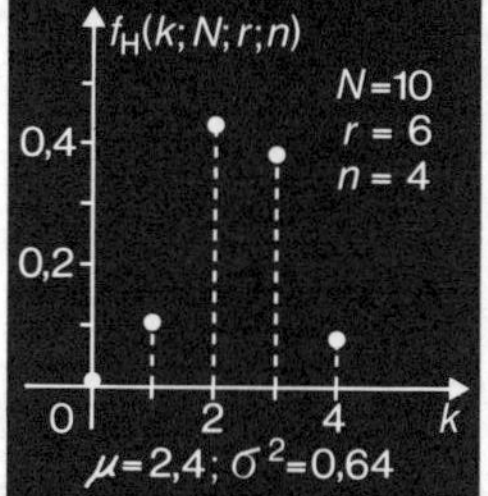

Binomialverteilung

Urnenmodell Einer Urne mit N Kugeln, darunter r roten, werden nacheinander **mit Zurücklegen** n Kugeln entnommen. Die Zufallsvariable X gibt die Anzahl der gezogenen roten Kugeln (Anzahl der Treffer) an, kann also die Werte $k = 0, 1, \ldots, n$ annehmen.

Wahrsch.-Fkt. $k \mapsto P(X = k) = f_B(k; n; p) = \binom{n}{k} p^k q^{n-k}$ mit $p = \frac{r}{N}$ und $q = 1 - p$;

Rekursion: $f_B(k+1; n; p) = f_B(k; n; p) \cdot \frac{p}{q} \cdot \frac{n-k}{k+1}$; *Start:* $f_B(0; n; p) = q^n$

Vert.-Fkt. $k \mapsto P(X \leqq k) = F_B(k; n; p) = \sum_{i=0}^{k} f_B(i; n; p)$; $P(X > k) = 1 - F_B(k; n; p)$

Formeln $f_B(k; n; p) = f_B(n-k; n; q)$; $f_B(k; n; p) = F_B(k; n; p) - F_B(k-1; n; p)$

$P(k_1 \leqq X \leqq k_2) = F_B(k_2; n; p) - F_B(k_1 - 1; n; p)$; $F_B(n; n; p) = 1$

Maßzahlen $E(X) = \mu = np$ (Erwartungswert); $V(X) = \sigma^2 = npq$ (Varianz)

BERNOULLI-Kette Tritt bei einem BERNOULLI-Experiment ein Ereignis A mit der Wahrscheinlichkeit p ein, dann tritt es bei n unabhängigen Durchführungen des Experiments genau k-mal mit der Wahrscheinlichkeit $P = f_B(k; n; p)$ ein.

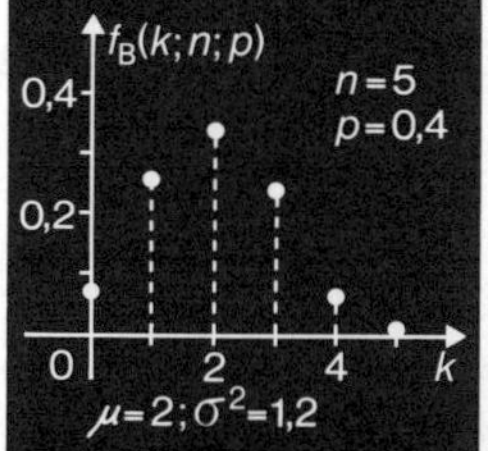

POISSON-Verteilung

Die Zufallsvariable X kann die Werte $k = 0, 1, 2, \ldots$ annehmen.

Wahrsch.-Fkt. $k \mapsto P(X = k) = f_P(k; \lambda) = e^{-\lambda} \frac{\lambda^k}{k!}$; Parameter $\lambda \in \mathbb{R}_+$

Rekursion: $f_P(k+1; \lambda) = f_P(k; \lambda) \frac{\lambda}{k+1}$; *Start:* $f_P(0; \lambda) = e^{-\lambda}$

Vert.-Fkt. $k \mapsto P(X \leqq k) = F_P(k; \lambda) = \sum_{i=0}^{k} f_P(i; \lambda)$

Maßzahlen $E(X) = \mu = \lambda$ (Erwartungswert); $V(X) = \sigma^2 = \lambda$ (Varianz)

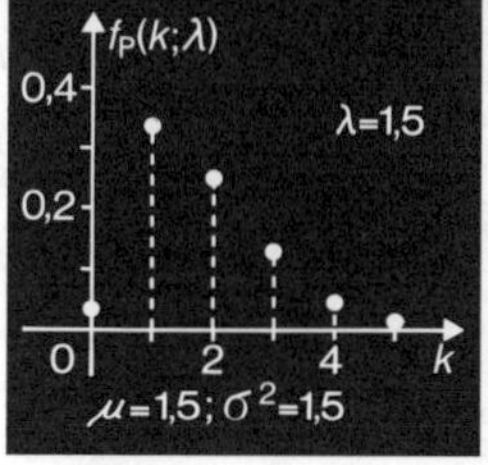

Normalverteilung, Standardnormalverteilung

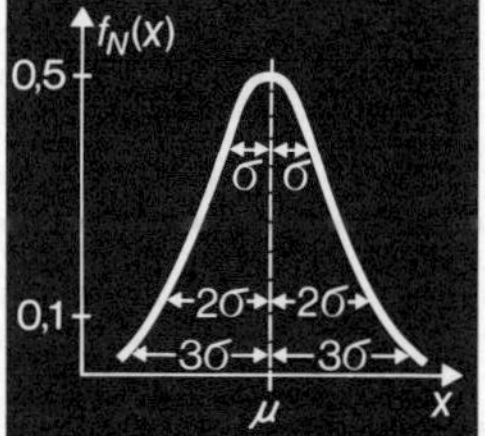

Die Zufallsvariable X mit den Werten $x \in \mathbb{R}$ heißt **normalverteilt** mit $E(X) = \mu$ und Standardabweichung $\sigma > 0$ (*kürzer*: X ist N (μ; σ)-verteilt), wenn gilt:

Dichtefunktion $x \mapsto f_N(x)$

$$f_N(x) = \frac{1}{\sigma\sqrt{2\pi}} \, e^{-\frac{1}{2}\left(\frac{x-\mu}{\sigma}\right)^2}, \quad x \in \mathbb{R}$$

Verteilungsfunktion $x \mapsto F_N(x)$

$$F_N(x) = P(X \leqq x) = \int_{-\infty}^{x} f_N(t)\,dt$$

Standardnormalverteilung

Die standardisierte Zufallsvariable $Z = \dfrac{X-\mu}{\sigma}$ ist N (0; 1)-verteilt.

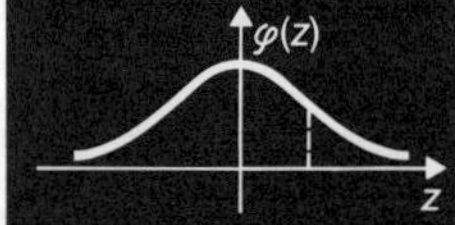

Dichtefunktion $z \mapsto \varphi(z)$

$$\varphi(z) = \frac{1}{\sqrt{2\pi}} \, e^{-\frac{1}{2}z^2}, \quad z \in \mathbb{R}$$

Verteilungsfkt. $z \mapsto \Phi(z)$; $\Phi(-z) = 1 - \Phi(z)$

$$\Phi(z) = P(Z \leqq z) = \int_{-\infty}^{z} \varphi(t)\,dt$$

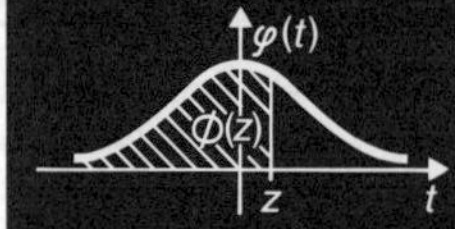

Sätze Die Zufallsvariable X sei N (μ; σ)-verteilt; dann gilt:

1) $P(X \leqq x) = P(X < x) = \Phi\left(\frac{x-\mu}{\sigma}\right)$ 2) $P(X > x) = 1 - \Phi\left(\frac{x-\mu}{\sigma}\right)$

3) $P(x_1 \leqq X \leqq x_2) = \Phi\left(\frac{x_2-\mu}{\sigma}\right) - \Phi\left(\frac{x_1-\mu}{\sigma}\right)$ 4) $P(|X-\mu| \leqq c) = 2 \cdot \Phi\left(\frac{c}{\sigma}\right) - 1$

5) $P(|X-\mu| > c) = 1 - P(|X-\mu| \leqq c) = 2\left[1 - \Phi\left(\frac{c}{\sigma}\right)\right]$

Approximationen (Zahlenbeispiele s. Math. Tafeln S. 47)

$P \approx \dots$

Binomialverteilung durch Normalverteilung Für $npq \geqq 9$ ($\mu = np$; $\sigma = \sqrt{npq}$) gilt:

(1) $P(X = k) = f_B(k;n;p) \approx \frac{1}{\sigma}\varphi(z)$ mit $z = \frac{k-\mu}{\sigma}$ Lokale Näherung

(2) $P(X \leqq k) = F_B(k;n;p) \approx \Phi(z)$ mit $z = \frac{k+0{,}5-\mu}{\sigma}$ Globale Näherung

(3) $P(k_1 \leqq X \leqq k_2) \approx \Phi(z_2) - \Phi(z_1)$ mit $z_2 = \frac{k_2+0{,}5-\mu}{\sigma}$ und $z_1 = \frac{k_1-0{,}5-\mu}{\sigma}$

(4) $P(|X-np| \leqq c) \approx 2\,\Phi(z) - 1$; (5) $P(|X-np| > c) \approx 2\,[1-\Phi(z)]$ mit $z = \frac{c+0{,}5}{\sigma}$

POISSONverteilung durch Normalverteilung Für $\lambda = \mu \geqq 9$ gilt:

(1) $P(X = k) = f_P(k;\lambda) \approx \frac{1}{\sqrt{\lambda}}\varphi(z)$, $z = \frac{k-\lambda}{\sqrt{\lambda}}$; (2) $P(X \leqq k) = F_P(k;\lambda) \approx \Phi\left(\frac{k+0{,}5-\lambda}{\sqrt{\lambda}}\right)$

(3) $P(k_1 \leqq X \leqq k_2) = F_P(k_2;\lambda) - F_P(k_1-1;\lambda) \approx \Phi\left(\frac{k_2+0{,}5-\lambda}{\sqrt{\lambda}}\right) - \Phi\left(\frac{k_1-0{,}5-\lambda}{\sqrt{\lambda}}\right)$

TSCHEBYSCHEFFsche Ungleichung, Zentraler Grenzwertsatz

TSCHEBYSCHEFFsche Ungleichung

$P(|X-\mu| \geqq c)$

Die Zufallsvariable X ist beliebig verteilt mit $E(X) = \mu$, $V(X) = \sigma^2$; dann gilt

für $c \in \mathbb{R}_+$: $P(|X-\mu| \geqq c) \leqq \frac{\sigma^2}{c^2}$; $P(|X-\mu| < c) \geqq 1 - \frac{\sigma^2}{c^2}$

für $c = k\sigma$ mit $k \in \mathbb{R}_+$: $P(|X-\mu| \geqq k\sigma) \leqq \frac{1}{k^2}$; $P(|X-\mu| < k\sigma) \geqq 1 - \frac{1}{k^2}$

Gesetz der großen Zahlen für BERNOULLI-Experimente

Die Zufallsvariable X ist binomialverteilt mit den Parametern n, p. Anwendung der TSCHEBYSCHEFFschen Ungleichung auf die Zufallsvariable $\overline{X} = \frac{X}{n} = h$ ergibt:

$$P(|h-p| < \varepsilon) \geqq 1 - \frac{pq}{n\varepsilon^2} \geqq 1 - \frac{1}{4n\varepsilon^2};$$

h: Relative Häufigkeit für Treffer
p: Wahrscheinlichkeit für Treffer

$P(|h-p| < \varepsilon)$

Zentraler Grenzwert (gilt für alle Verteilungen)

Haben die unabhängigen Zufallsvariablen $X_1, \dots, X_n$ dieselbe Verteilung, also den gleichen Erwartungswert μ und dieselbe Standardabweichung $\sigma > 0$, dann ist die Zufallsvariable $X = X_1 + \dots + X_n$ für große n (*Faustregel:* $n > 50$) annähernd N ($n\mu$; $\sigma\sqrt{n}$)-verteilt, und es gilt:

$$P(X \leqq x) \approx \Phi\left(\frac{x-n\mu}{\sigma\sqrt{n}}\right) \quad (E(X) = n\mu;\ V(X) = n\sigma^2)$$

$P(X \leqq x)$

Beurteilende Statistik

Stichprobe und Maßzahlen der beurteilenden Statistik

Grundgesamtheit: Zufallsvariable X, Erwartungswert μ_X, Varianz σ_X^2

Eine *Stichprobe* vom Umfang n aus der Grundgesamtheit ist eine Realisierung von n unabhängigen und wie X identisch verteilten Zufallsvariablen $X_1, \ldots, X_n$.

Stichprobenwerte:	$x_1, \ldots, x_n$	
Mittelwert der Stichprobe:	$\overline{x} = \frac{1}{n}(x_1 + \ldots + x_n)$	(Schätzwert für μ_X)
Varianz der Stichprobe:	$s^2 = \frac{1}{n-1}\sum_{i=1}^{n}(x_i - \overline{x})^2$	(Schätzwert für σ_X^2)
Standardabweichung der Stichprobe:	$s = \sqrt{s^2}$	

$\overline{x}$

s^2

s

Vertrauensintervalle

Es sei ϑ der unbekannte Parameter der Verteilung einer Zufallsvariablen X;
$X_1, \ldots, X_n$ seien unabhängige und wie X identisch verteilte Zufallsvariablen.
Ein Intervall $[C_1, C_2]$ mit $C_1, C_2 \in \mathbb{R}$ heißt *Vertrauensintervall (Konfidenzintervall)* für ϑ zur *Vertrauenszahl* γ, wenn gilt: $P(C_1 \leqq \vartheta \leqq C_2) = \gamma$

Vertrauensintervall für μ_X zur Vertrauenszahl γ

X ist normalverteilt mit unbekanntem μ_X und bekanntem σ_X.
$X_1, \ldots, X_n$ seien unabhängige und wie X identisch verteilte Zufallsvariablen.
$\overline{x} = \frac{1}{n}(x_1 + \ldots + x_n)$ (Schätzwert für μ_X) ist eine Realisierung von $\overline{X} = \frac{1}{n}(X_1 + \ldots + X_n)$.

Dann ist ein *Vertrauensintervall* für μ_X: $\left[\overline{x} - c\frac{\sigma_X}{\sqrt{n}};\ \overline{x} + c\frac{\sigma_X}{\sqrt{n}}\right]$ mit $\Phi(c) = \frac{1+\gamma}{2}$

Ist σ_X unbekannt und $n \geqq 30$, so kann σ_X durch s ersetzt werden.

$[\mu_1, \mu_2]$

Vertrauensintervall für p zur Vertrauenszahl γ

X ist BERNOULLI-Variable (s. S. 41) mit $E(X) = p$ und $V(x) = p(1-p)$.
$X_1, \ldots, X_n$ seien unabhängige und wie X identisch verteilte Zufallsvariablen.
$\overline{x} = \frac{1}{n}(x_1 + \ldots + x_n)$ (Schätzwert für μ_X) ist eine Realisierung von $\overline{X} = \frac{1}{n}(X_1 + \ldots + X_n)$.
Wenn n hinreichend groß ist (*Faustregel*: $np(1-p) \geqq 9$), dann ist ein

Vertrauensintervall für p: $\left[\overline{x} - c\sqrt{\frac{\overline{x}(1-\overline{x})}{n}};\ \overline{x} + c\sqrt{\frac{\overline{x}(1-\overline{x})}{n}}\right]$ mit $\Phi(c) = \frac{1+\gamma}{2}$

Bessere Intervallgrenzen sind $p_{1;2} = \left(\overline{x}n + \frac{1}{2}c^2 \mp c\sqrt{\overline{x}(1-\overline{x})n + \frac{1}{4}c^2}\right) : (n + c^2)$.

$[p_1, p_2]$

Testen von Hypothesen

Test Mit einer Stichprobe $x_1, \ldots, x_n$ soll eine Hypothese über einen unbekannten Parameter einer Grundgesamtheit geprüft werden. Der Test heißt *signifikant* auf dem Niveau α, wenn seine Aussage statistisch gesichert ist.

Nullhypothese: H_0; *Alternativhypothese:* H_1; *Ablehnungs(Verwerfungs)-Bereich:* K

Entscheidung: Ist der aufgrund der Stichprobe ermittelte Wert ein Element von K, so wird H_0 abgelehnt (verworfen), andernfalls wird H_0 beibehalten.

Fehler 1. Art: H_0 wird abgelehnt, obwohl H_0 in Wirklichkeit wahr ist.

Fehler 2. Art: H_0 wird beibehalten, obwohl H_0 in Wirklichkeit falsch ist.

Wahrscheinlichkeit für Fehler 1. Art: α (Irrtumswahrscheinlichkeit), für Fehler 2. Art: β
Statistische Sicherheit des Tests: $1-\alpha$; *Trennschärfe* des Tests: $1-\beta$.

H_0

H_1

K

Signifikanztest für unbekannte Wahrscheinlichkeit p

Ein Zufallsexperiment, bei dem ein Ereignis A mit der unbekannten Wahrscheinlichkeit p eintritt, wird n-mal durchgeführt. X sei die Anzahl der Durchführungen unter den n Durchführungen, bei denen das Ereignis A eingetreten ist.

p

Linksseitiger Test H_0: $p \geqq p_0$; H_1: $p < p_0$; Irrtumswahrscheinlichkeit: α;

$K = \{0; \ldots; g\}$, wobei g die größte ganze Zahl ist, für die gilt:

$$P(X \leqq g) = \sum_{i=0}^{g} f_B(i; n; p_0) = F_B(g; n; p_0) \leqq \alpha$$

Ist in Wirklichkeit $p = p_1$ mit $p_1 < p_0$, so gilt: $\beta = \sum_{i=g+1}^{n} f_B(i; n; p_1) = 1 - F_B(g; n; p_1)$

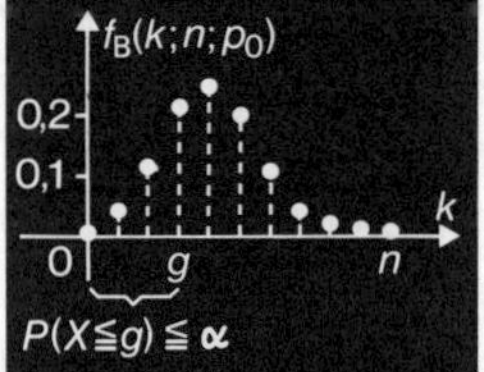

Rechtsseitiger Test H_0: $p \leqq p_0$; H_1: $p > p_0$; Irrtumswahrscheinlichkeit: α;

$K = \{g; g+1; \ldots; n\}$, wobei g die kleinste Zahl ist, für die gilt:

$$P(X \geqq g) = \sum_{i=g}^{n} f_B(i; n; p_0) = 1 - F_B(g-1; n; p_0) \leqq \alpha$$

Ist in Wirklichkeit $p = p_1$ mit $p_1 > p_0$, so gilt: $\beta = \sum_{i=0}^{g-1} f_B(i; n; p_1) = F_B(g-1; n; p_1)$

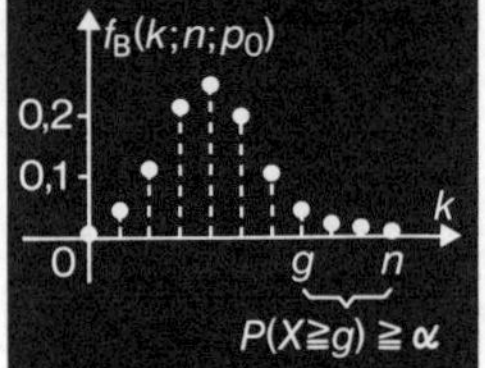

Zweiseitiger Test H_0: $p = p_0$; H_1: $p \neq p_0$; Irrtumswahrscheinlichkeit: α;

$K = \{0; \ldots; g_l\} \cup \{g_r; \ldots; n\}$, wobei $\begin{cases} g_l & \text{die größte} \\ g_r & \text{die kleinste} \end{cases}$ ganze Zahl ist, für die gilt:

$$P(X \leqq g_l) = \sum_{i=0}^{g_l} f_B(i; n; p_0) = F_B(g_l; n; p_0) \leqq \frac{\alpha}{2}$$

$$P(X \geqq g_r) = \sum_{i=g_r}^{n} f_B(i; n; p_0) = 1 - F_B(g_r - 1; n; p_0) \leqq \frac{\alpha}{2}$$

Ist in Wirklichkeit $p = p_1$ mit $p_1 \neq p_0$, so gilt:

$$\beta = \sum_{i=g_l+1}^{g_r-1} f_B(i; n; p_1) = F_B(g_r - 1; n; p_1) - F_B(g_l; n; p_1)$$

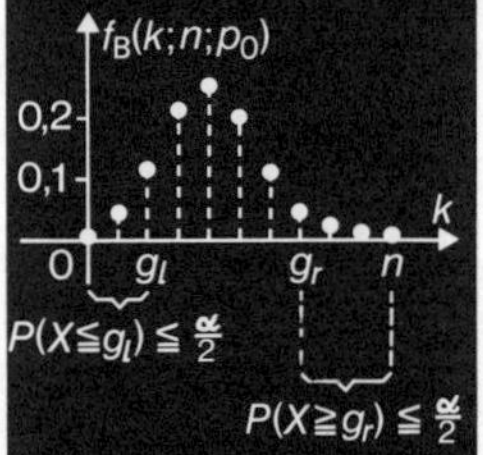

Signifikanztest für unbekannten Erwartungswert μ_X

μ_X

Die Zufallsvariable X ist *normalverteilt,* μ_X ist unbekannt, σ_X ist bekannt.
Man nimmt den Mittelwert $\overline{x}$ einer Stichprobe $x_1, \ldots, x_n$ als Schätzwert für μ_X.
$X_1, \ldots, X_n$ seien unabhängige und wie X identisch verteilte Zufallsvariablen; die Zufallsvariable $\overline{X} = \frac{1}{n}(X_1 + \ldots + X_n)$ ist wie X normalverteilt mit $E(\overline{X}) = \mu$, $V(\overline{X}) = \frac{\sigma^2}{n}$;
$\frac{\overline{X} - \mu}{\sigma}\sqrt{n}$ ist standardisiert normalverteilt.

Ist σ_X unbekannt, dafür aber n hinreichend groß (*Faustregel:* $n \geqq 30$), so kann σ_X durch s ersetzt werden.

Ist die Zufallsvariable X *nicht normalverteilt,* dafür aber n hinreichend groß (*Faustregel*: $n \geqq 100$), so wird die Verteilung von $\overline{X}$ durch eine Normalverteilung mit $E(\overline{X}) = \mu$ und $V(\overline{X}) = \frac{\sigma^2}{n}$ approximiert.

linksseitiger Test	**rechtsseitiger Test**	**zweiseitiger Test**
H_0: $\mu \geqq \mu_0$; H_1: $\mu < \mu_0$	H_0: $\mu \leqq \mu_0$; H_1: $\mu > \mu_0$	H_0: $\mu = \mu_0$; H_1: $\mu \neq \mu_0$
$K = \{\overline{x} \mid \overline{x} < g\}$;	$K = \{\overline{x} \mid \overline{x} > g\}$;	$K = \{\overline{x} \mid \overline{x} < g_l$ oder $\overline{x} > g_r\}$;
dabei ist $g = \mu_0 - c\frac{\sigma_X}{\sqrt{n}}$	dabei ist $g = \mu_0 + c\frac{\sigma_X}{\sqrt{n}}$	dabei ist $g_l = \mu_0 - c\frac{\sigma_X}{\sqrt{n}}$,
mit $\Phi(c) = 1 - \alpha$.	mit $\Phi(c) = 1 - \alpha$.	$g_r = \mu_0 + c\frac{\sigma_X}{\sqrt{n}}$ mit $\Phi(c) = 1 - \frac{\alpha}{2}$.

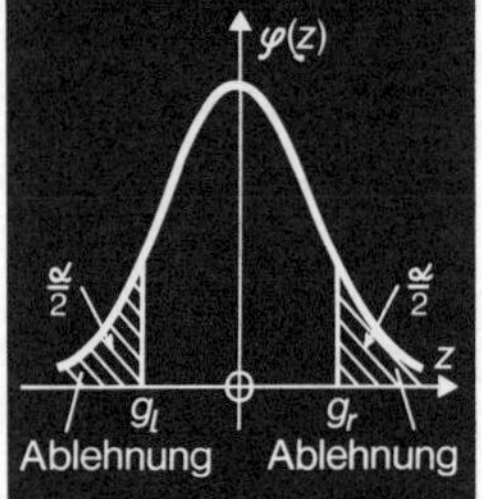

Stichwortverzeichnis

Inhalt und Gliederung

ISBN 3-12-718000-4

1. Auflage 1 23 22 21 20 | 2006 2005 2004 2003